探索发现百科全书

神秘宇宙

DISCOVERY AND EXPLORATION

杨现军★编

黑龙江科学技术出版社
HEILONGJIANG SCIENCE AND TECHNOLOGY PRESS

前言
Foreword

夜已经深了，万籁俱寂。

这是一个夏天的晚上，是我们地球家园上最为普通的一个晚上。你看，在不远的天边，有几颗星星在眨着眼睛，朦朦胧胧，好像在讲述着一个关于星空的故事。几乎与此同时，宇宙中一个角落正在上演一场璀璨的星光晚会，绚丽的面具，一双双冰冷的蓝眼睛，一个和另一个刚刚相遇，彼此喜欢上了对方，开始绕着对方热情地跳起探戈，好不热闹。

在我们的太阳系，也有很多的趣事儿。太阳公公是一家之主，它可以随意发脾气，只要一声令下，没有不乖乖听话的。家族中每天都有故事上演，今天是火星上的探险故事，明天是水星上的深度撞击，别有一番风味儿。金星这个家伙，不合群就不合群吧，自转还有点儿与众不同，它的早晨太阳非得从西边出来。更别说走路了，就像一位慢腾腾的老汉，转个身也要200多天，真够烦人呢。超大的木星之王，是太阳家族名副其实的超级大侠，无人匹敌！小不点天王星、海王星在寂寞无趣的太空，一边辛勤工作，一边找寻存在的乐趣："我天生就是这样，我要活得与众不同。"当然，最有趣的故事发生在地球，在这里的一切都是那么美好。

还有更有趣的飞天奇闻、神秘的黑洞……你一定会惊叹，宇宙的造物主……

这就是我们的宇宙，一个由空间和时间组成的说不清楚的庞大家伙，像一张张看不见的网，告诉我们光阴流转的故事。插一句话，有位科学家曾打过一个比方，他说："如果把星系比作葡萄干，那么，宇宙就是一个已经烤好了的正在膨胀着的葡萄干面包。"看来，我们是在葡萄干中活着，应该很幸福。

本册《探索发现百科全书·神秘宇宙》是满足你好奇心和求知欲的宝库：这里既有权威的百科知识，又有天马行空般的奇思妙想，还有妙趣横生的童话故事。

现在，就请开始你的浩瀚宇宙大冒险吧！

目 录
Contents

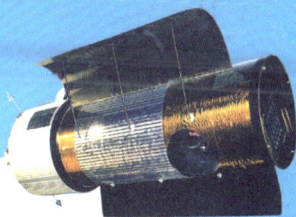

飞向太空

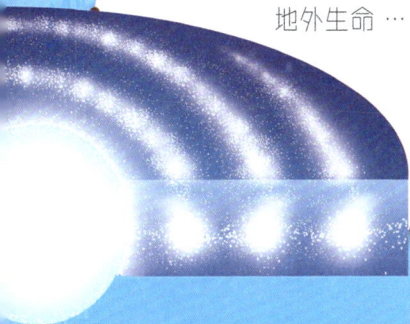

宇宙起源

宇宙大爆炸

茫茫宇宙，无边无际，一眼望不到边。可它是怎么形成的呢？关于宇宙的形成，历来有多种说法，而最具影响力的就是宇宙大爆炸学说——大约在137亿年前，一个高温、高密度的"原始火球"（奇点）突然间发生了爆炸，组成火球的物质一下飞到四面八方……后来，经过很长时间的演化，形成了现在的恒星、行星等天体。

什么是宇宙？

"宇宙"一词，最早出自我国古代哲学家墨子。他说："天地四方曰宇，古往今来曰宙。"宇宙即天地万物。不管它是大是小，是远是近；是过去的，还是现在的、将来的；是认识到的，还是未认识到的。

粒子的形成

原子的形成

原子核的形成

创世大爆炸

今日的宇宙

星系的形成

太阳系的形成

宇宙大爆炸的模型

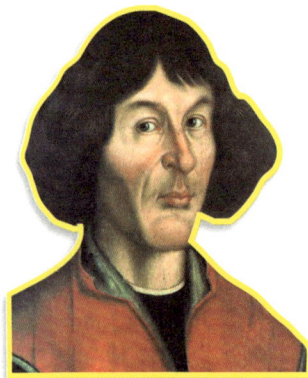
无边无垠的宇宙

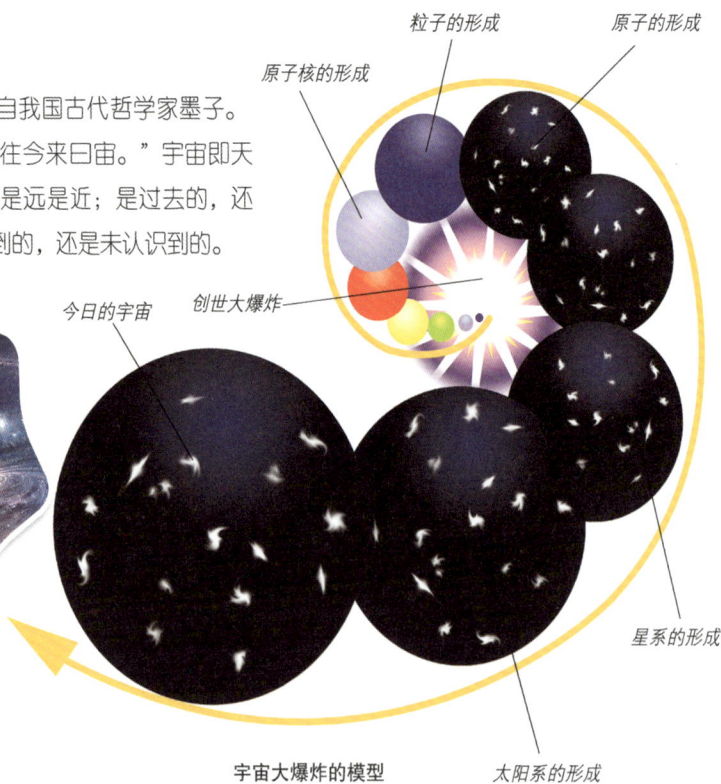
哥白尼

人类对宇宙的认识过程

随着科学的发展，人类对宇宙的认识也在发生变化。在哥白尼之前，人类一直信奉"地球中心说"，认为地球是宇宙的中心。时间到了16世纪，波兰天文学家哥白尼提出了"日心说"，即太阳是宇宙的中心，包括地球在内的行星都是围绕太阳旋转的。

空间的形成

　　自从宇宙大爆炸开始，就诞生了空间和时间，空间和时间也构成了我们所认识的宇宙世界。以银河系为例，它是我们太阳所在的星系。放眼宇宙深处，数以万亿计的河外星系遍布宇宙空间。爱因斯坦年轻的时候，就问过自己："如果我赶上一束光去看世界，世界会是怎样的呢？"

宇宙最开始的时候没有物质只有能量，大爆炸后物质才由能量转换而来

最初三分钟

　　美国物理学家和宇宙学家史蒂文·温伯格在 1977 年写了一本畅销书，书名为《最初三分钟》。此书被公认为科普读物的里程碑。作为一位知名的权威专家，温伯格在书中向世人描绘了一幅完全令人信服的宇宙起源图，包括在大爆炸之后仅仅数秒或几分钟内出现的详细过程。

史蒂文·温伯格

宇宙微波背景辐射

　　宇宙微波背景辐射也称为微波背景辐射，是来自宇宙空间背景上的各向同性的微波辐射。它是大爆炸理论一个有力的证据，与类星体、脉冲星、星际有机分子，并称为 20 世纪 60 年代天文学"四大发现"。正因为这一发现，美国科学家彭齐亚斯和威尔逊获得了 1978 年诺贝尔物理学奖。

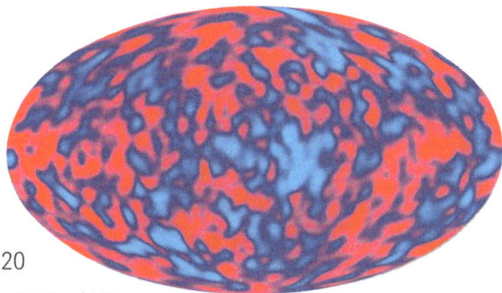

微波背景辐射示意图

如果宇宙再次爆炸会怎么样？

奇思妙想

根据研究，科学家普遍认为现在的宇宙是亿万年前的宇宙大爆炸后形成的，这种大爆炸理论正在广泛地为人们所接受。既然说宇宙是大爆炸后产生的，那它会不会再次爆炸？如果宇宙真的再次爆炸，那我们人类这一物种会不会在大爆炸中灭绝呢？宇宙会不会产生新的智慧物种？

其实，宇宙到底是如何产生的，科学家也没有定论，宇宙大爆炸只是一种根据天文观测研究后得到的设想，缺乏足够的证据，所以不存在宇宙再次爆炸一说。如果宇宙真的会爆炸，那也是几十亿年以后的事了，我们根本就没必要为这个不切实际的问题担心。下面我们就来了解一下宇宙大爆炸理论。

宇宙大爆炸理论诞生于20世纪20年代，但一直无人问津，直到30年后，才引起人们的广泛注意。大爆炸理论认为在宇宙初期，也就是大约137亿年前，宇宙间所有的物质都聚集在一点上，使得这一点的温度高达100亿℃以上，因而发生了巨大的爆炸。

大爆炸以后，整个宇宙体系的物质开始向外膨胀，宇宙的高温也就开始下降，于是就形成了我们今天所看到的宇宙。理论上说，在过去的137亿年间，宇宙诞生了星系团、星系、银河系、太阳系、恒星、行星、卫星等。当今的宇宙形态就是由这些天体和宇宙物质构成的，人类也是在这一宇宙演变中诞生的。

问题多多的小星星

一个夏天的夜晚，漆黑的天空里布满了点点生辉的星星，月亮高悬在空中，洒着清辉，朦朦胧胧……只有一些不安分的小动物在窸窣作响，进行着它们的夜间生活。

在不远的天边，有几颗星星在眨着眼睛，一闪一闪的。只听一个小一点儿的星星，对旁边稍微大一点儿的星星叫道："妈妈！妈妈！"大一点儿的星星回答道："乖孩子，怎么了？"小点儿的星星问道："妈妈，您说，我们的宇宙到底有多大呢？"

大一点儿的星星笑了笑，说："我们的宇宙可大可大了。"

"妈妈，妈妈。那宇宙小时候也有这么大吗？"

还没等大点儿的星星说话，小一点儿的星星又说："哦！妈妈，妈妈，我要听宇宙小时候的故事！"

"在妈妈比你还小的时候，也问过这个问题。当时，我的妈妈告诉我说，我们的宇宙非常大，非常久远。最开始呢，就是一个大的火球。突然有一天，轰的一声，火球发生了大爆炸。就在那一瞬间，火球，当然也包括我们的祖先。"大光四溅，这个大诞生了许许多多的星宇宙开始于大爆炸。"小一

"真是太神奇了！原来，我们的点儿的星星深情地望着妈妈说道。

"其实，谁也不知道宇宙开始发生了什么，为什么会发生。千百年来，人类，也包括我们的祖先都在找寻答案。"

"为什么呢？"

"因为没有人经历过。"说完，大一点儿的星星继续说："懂了吧，宝贝。我们只是一颗不起眼的恒星，宇宙中像我们一样的星星太多了，你瞧，那边，另外一边，都是我们恒星家族中的成员哦。"大一点儿的星星望着小一点儿的星星，还想说点儿什么，只见小一点儿的星星已沉沉睡去，它一定会做个好梦。

夜越来越深，安静极了。

宇宙的演化

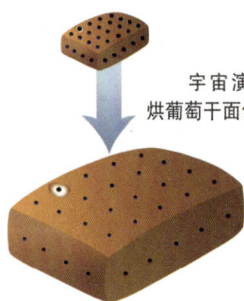

宇宙演化如同
烘葡萄干面包

从某种程度上来说，宇宙的演化犹如烘葡萄干面包，随着面包不断胀大，葡萄干的距离亦不断增加。假如你是其中一颗葡萄干上的蚂蚁，你会看见所有葡萄干都离你越来越远。同时，离你越远的葡萄干，离开你的速度也越快。

准暗物质"原始电光火球"

黑暗时代

宇宙间只有中子、质子、电子、光子和中微子等一些基本粒子形态的物质

暗能量

大爆炸

宇宙大爆炸时的膨胀

宇宙是一个超环面系统，众多星系都由宇宙磁场连接在一起

宇宙暴胀

1980 年，美国粒子物理学家阿伦古斯提出"暴胀宇宙"的概念。他认为，我们这个可见的宇宙在极早期阶段，经历了一个短期的加速膨胀阶段。在这个阶段结束后，膨胀速度开始放慢。

互相远离着

打个比方，在气球上点上数个小点。当我们吹气球的时候，气球上相邻的小点之间的距离会随着气球的膨胀而增大。天文学家们认为，和气球上的小点一样，宇宙中所有的星系都在互相远离着。并且，距离我们越远的星系，远去的速度就越快。所以说，宇宙是在不断地膨胀着的。

宇宙的样子就像一个不断膨胀的大气球

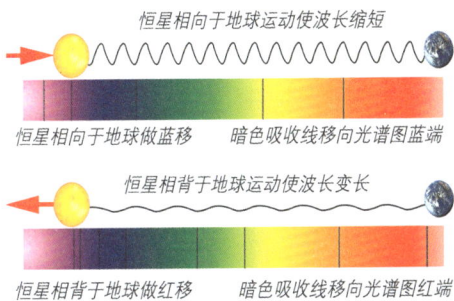

恒星相向于地球运动使波长缩短

恒星相向于地球做蓝移　暗色吸收线移向光谱图蓝端

恒星相背于地球运动使波长变长

恒星相背于地球做红移　暗色吸收线移向光谱图红端

红移示意图

宇宙膨胀速度

1929 年，美国天文学家哈勃根据观测发现星系距离的远近和星系谱线红移的大小成正比，即星系距离越远，它们四向退行的速度越大。宇宙膨胀的速率是多少呢？根据 2011 年修订的测定值是：每 300 万光年每秒 73.8 千米。就是说，在每 300 万光年辽阔的空间领域内，每秒的膨胀速率是 73.8 千米。

最终形成星系、
恒星和行星

小微粒
物质聚集成
大团的物质

漫无尽头

目前，我们所能观测到的宇宙达到 137 亿光年，然而这只是宇宙的一部分。天文观测表明，星系和星系之间都在彼此远离，而且距离越来越远，分离速度越来越快。虽然还不能确定宇宙包含多少物质，但它在时间和空间上都是有限的。这样一个宇宙，永远找不到它的尽头。

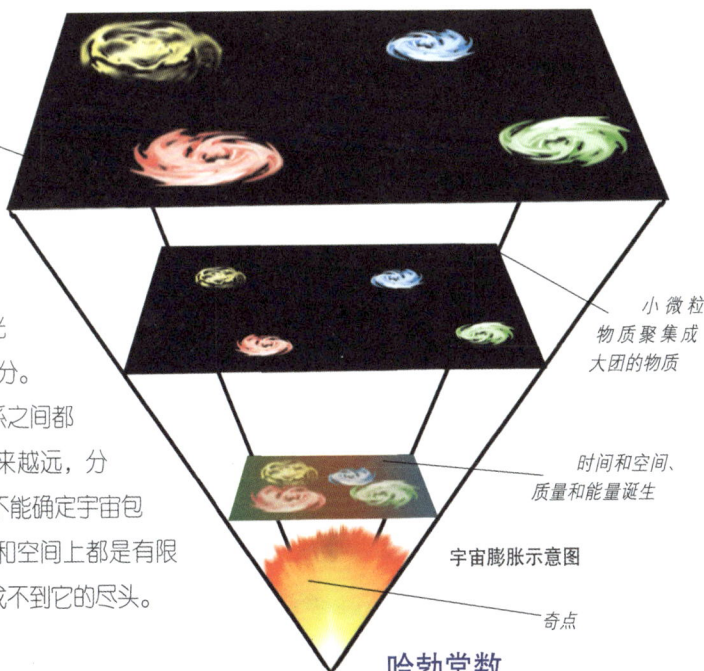

时间和空间、
质量和能量诞生

宇宙膨胀示意图

奇点

在 NGC 4258 星系内的造父变星

这个星系包含着造父变星和 Ia 型超新星

透过观测宇宙中遥远 Ia 超新星而发现宇宙加速膨胀

地球

空间膨胀的光红移（拉伸）

距今 100 亿~24 亿年

距今 100 亿~1 亿年

天文学家利用两类"量天尺"——造父变星和 Ia 型超新星来计算精确的哈勃常数

哈勃常数

宇宙扩展的速度叫作哈勃常数，相当于 100 万光年，1 秒就是 18.4 千米，因此，在 1 千万光年的星系附近，1 秒就是 184 千米。为了测定哈勃常数，天文学家找到了一些星系，这些星系包含着两类"量天尺"——造父变星和 Ia 型超新星，于是利用它们计算出了更为精确的哈勃常数。

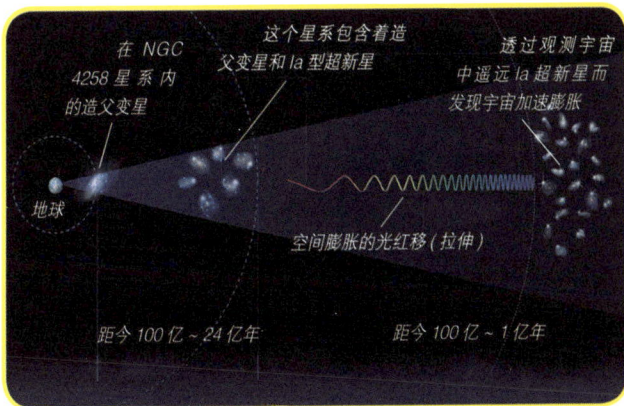

如果有宇宙地图，我们能看懂吗？

奇思妙想

简单来说，地图就是按照一定的比例，用特定的符号和颜色把地球表面上的自然现象和社会现象缩绘在平面上（纸）的图形。地图是人们日常生活、工作、学习、旅行等常用到的工具，例如中国地图和世界地图。随着科学的发展，几乎各行各业都有自己专用的地图，那天文领域内是不是也有宇宙地图呢？

目前，科学家已经绘制了宇宙地图。它与简单的星图不同，上面对在宇宙中发现的所有天体的位置、定性和特点，都一一进行了详细的描述。

首先，我们可以知道，宇宙是如何一步步形成的，大约在137亿年前，宇宙发生了大爆炸。130亿年前，各种星系开始形成。100亿年前，银河系形成。46亿年前，地球家园诞生。

其次，遥远星系的分布。在宇宙中有着数以亿计的星系，如果把宇宙看作是一个半径1千米的大球，银河系则只有一粒普通药片那么大，位于球心附近。

最后，可以看出宇宙的组成，宇宙中仍然是暗物质和暗能量占大部分，而普通物质仅占百分之几。

美国科学家已经开始着手绘制一幅宇宙的3D地图。如果绘制成功，它将是迄今为止最大也是最为详细的宇宙地图。这将有助于人们了解宇宙的起源和组成，以及暗能量在宇宙的形成过程中到底扮演什么角色。

来自星星的小兔子

我有一个特别的朋友，他叫瑞克。

说他特别，是因为周围人都叫他"来自星星的孩子"。是的，他是一个自闭症儿童，他的伙伴特别少，我只是其中之一。

瑞克是一个十足的太空迷。他能讲出许多我不知道的太空知识，连一些最离谱的虫洞，讲起来都头头是道。

他有一只特别的小兔子，太可爱了。

"让我玩一下小兔子，好吗？"我说道。

"不好。"瑞克回答。

"这可不是一只普通的兔子，它是来自星星的小兔子。"每当有人要借他的小兔子玩，他总是这样回复着。没有人相信他的话。有的甚至取笑他，对此他懒得和我们争论，除了小兔子他倒是什么都愿意分享。时间长了，瑞克身边的小伙伴越来越少，我们都觉得他有点不可理喻。

"不就是一只小兔子嘛！"

"有什么大不了的，小气！"

瑞克还是固执己见，不把我们的冷嘲热讽当回事。我也慢慢习惯了，想要疏远他，不再和他玩了。

直到有一天，瑞克来家里找我。我忙问他怎么了。他哭丧着说道："小兔子，小兔子……"

看着他难过的样子，"小兔子怎么了？"我问。

在我的追问下，才知道瑞克住在乡下的外婆去世了。而瑞克的小兔子，就是乡下的外婆送给他的，他特别爱自己的外婆。

瑞克小时候在乡下待了好多年，开始的时候村里的孩子都不愿意和他玩。于是，外婆不知道从哪里弄了一只小兔子，说它是来自星星的小兔子。有了小兔子，瑞克一下子变了，也有许多小伙伴主动和他玩了，玩得很开心。

乡下的夜晚，星光点点，瑞克和小兔子就躺在外婆怀里，听外婆讲故事。有一次，瑞克对外婆说："外婆，我要你永远这样陪着我。"

"我的乖宝贝，外婆会永远陪着你的！"外婆笑了笑，说，"你看，外婆呢有一天也会像这天上的星星，会永远陪着你。"

"干吗变成星星呀？"

"人死了，就变成一个星星了。……"

现在，瑞克问我："外婆走了，她真的会变成星星吗？"我十分肯定地说："会的。"

宇宙中的星云

宇宙的构成

我们知道宇宙大得无法想象，令人惊叹。那它是由什么构成的呢？其实，宇宙是由空间、时间、物质和能量所构成的统一体。它包含了我们看到的一切（普通物质）和许多未知部分（暗物质），即一切天体在内的无限空间。

形形色色的物质

人类通过不断探索，知道宇宙是由无数各种各样的恒星、类星体、星云、弥漫星云和暗物质组成的，它们广布在宇宙空间里。这些恒星或分散或相聚在一起，组成了各种星系，例如银河系。当然，像银河系一样的星系还有很多，我们称为"河外星系"。

宇宙中的各种天体物质

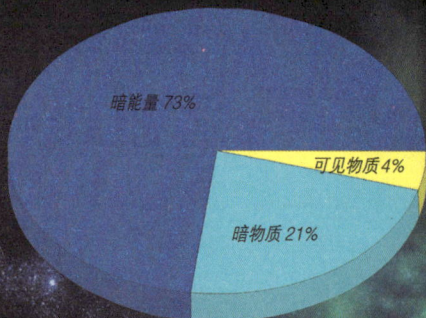
宇宙组成成分示意图

暗能量 73%
可见物质 4%
暗物质 21%

看得见的物质

在宇宙中，像太阳、地球这样看得见的天体，数不胜数。它们构成了庞大的恒星系统，由恒星构成了更大的星系。每个星系包含了数以十亿计的恒星，而构成这些恒星的物质就是粒子。除了看得见的天体，还有许多占宇宙大部分质量的暗物质，科学家正在对它们进行研究。

14

地下实验室

寻找暗物质

20 世纪 30 年代，瑞士天文学家茨威基首次发现了暗物质的存在。可如何抓住暗物质呢？科学家们想了很多办法。地下实验室被认为是进行暗物质研究的最理想场所，它能最大程度上免受宇宙射线对寻找暗物质存在证据的干扰。目前，全球地下实验室有 20 多个。

宇宙中的暗物质

在宇宙学中，暗物质是指那些不发射任何光及电磁辐射的物质。目前，通过引力产生的效应，人们得知宇宙中存在大量暗物质。根据研究，暗物质是宇宙的重要组成部分，总质量为普通物质的 6 倍，在宇宙中的比重不超过 99%。现代天文学正是通过引力透镜、宇宙中大尺度结构、微波背景辐射等手段来进行观测的。

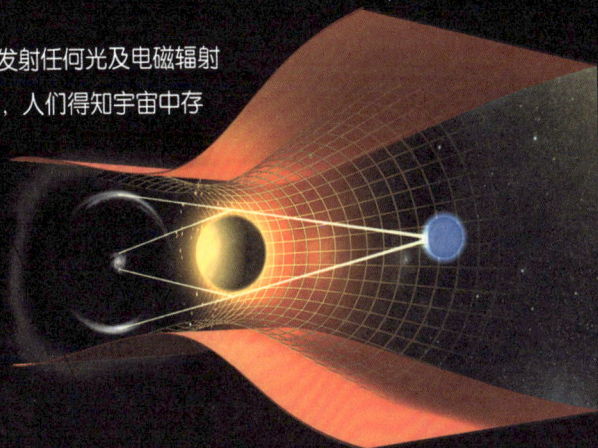

引力透镜示意图

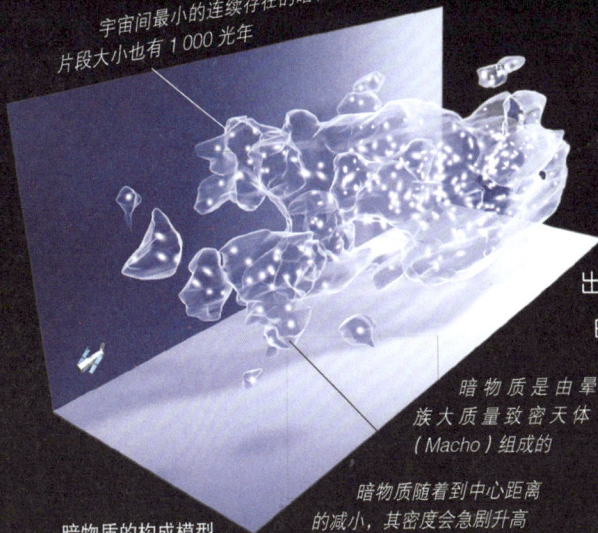

宇宙间最小的连续存在的暗物质片段大小也有 1 000 光年

暗物质是由晕族大质量致密天体（Macho）组成的

暗物质随着到中心距离的减小，其密度会急剧升高

暗物质的构成模型

宇宙中的暗能量

在宇宙的组成中，4% 是普通物质，26.8% 是暗物质，剩下的是暗能量。暗能量到底是什么？似乎没有一个人能准确给出解释。不过呢，暗能量确实是真空中固有的一种能量，它均匀分布在所有 空间中，密度不随时间变化。不过，这个概念提出以来，许多科学家都在竭力寻找这种被认为导致宇宙加速膨胀的能量，但是至今仍是一个未解之谜。

如果宇宙一直膨胀下去会怎么样？

奇思妙想

这是一个十分有趣而又极难回答的问题。根据宇宙大爆炸的假说，宇宙最初始于大爆炸，物质就散开了，宇宙也就由此开始膨胀，一直持续到现在。

对于宇宙膨胀的观点，有天文学家认为，宇宙中的物质密度很小，因而引力也很弱，宇宙将无限地膨胀下去。而持相反观点的人认为，宇宙中的引力比我们知道的要大得多，足以使宇宙停止膨胀，并开始收缩。

科学家发现，宇宙虽然一直在膨胀，但膨胀的速度却在逐渐减缓，原因在于宇宙间的万有引力，但是难以估计的是万有引力的大小。如果引力很强，那么宇宙膨胀的速度就会逐渐减小到零，到那时候，宇宙的膨胀就会停止，并且开始收缩，越缩越小。收缩过程中会逐渐加速，直到回复到无限密集的状态，然后又可能发生大爆炸，宇宙又开始一次膨胀循环，如此往复。

当然，如果引力不太强，那么膨胀速度虽然在减慢，但却永远不会变为零，这样宇宙就将无限地膨胀下去，最终宇宙中可能只有由光子、中微子、电子、正电子组成的稀薄等离子体了。不过，那将是非常遥远的事。

太空历险记

我从小的梦想是上太空，开宇宙飞船，像杨利伟叔叔那样。

"太空，我来啦。太空，好美啊！"

可一个连数学都算不好的人，能上太空，这不是天大的笑话吗？楼上楼下，所有的灯光都暗淡下去了，十分安静。我努力让自己保持一点儿清醒。

这时，诡异的一幕出现了，也不知从哪里来了一束光，还没等我明白怎么回事，只是感觉自己在急速地下坠，似乎坠入了无边的黑暗旋涡。我使尽浑身力气地呼喊，好像一点声音也没有发出来！

我发现，自己正坐在一辆急速列车上，朝未知的方向驶去。我看到窗外既熟悉又陌生的建筑物，都像电线杆一样瘦，前方的景色如同被塞进罐头瓶一样十分拥挤，扑面而来的东西像是染上了蓝色。难道是太空，怎么可能？我的心慢慢平静下来，却有了一丝小惊喜。

这是什么鬼地方？"救命呀！我要回家。"我大声喊着。

"禁止喧哗！"一个列车员模样的人走了过来，他长得似人非人，却并不像是坏人。"你们要带我去哪里？"列车员用手指了指车中的屏幕，只见那上面写着：目的地，太空；时速，光速。

我一下明白了，我已经离开地球很久了。这简直就是天方夜谭，搞什么鬼哦！我还是不相信这是真的。突然，车窗外一片漆黑，渐渐地，一个巨大的沙漏状东西出现了，并且漏斗连接的地方在急速扩张。

"知道那是什么吗？"列车员问。

"那应该是星体吧！"我说。

列车员认真地说："那是你们的太阳系，你们的地球也在里面。"令我感到不可思议的是，刚刚还明亮异常的一颗星，这会儿却像燃尽的蜡烛一样渐渐熄灭了，而且不止一颗哦。我是既激动又痛心，激动的是宇宙真是太大了，而我太渺小了；痛心的是，宇宙中下一颗熄灭的星是……是太阳吗？不敢想象。

我的脑袋嗡嗡作响，列车依旧在急速行进中，我看到了银河系、河外星系……一路上，真是太刺激了。

突然一束光在我眼前滑过，我猛地睁开眼睛，原来是早上的阳光照到了我的脸上，我庆幸刚才的一切只是一场梦。现在已是早上七点了，我从床上一骨碌爬起来，简单收拾了一下，就背着书包去上学了。

宇宙的未来

宇宙从诞生到现在，虽然已经是无与伦比的庞然大物，但它似乎对自己的身形很不满意，因而仍在以超乎想象的速度不断长大。或许很多人会问，宇宙的未来是怎样的？这是一个未知的答案。

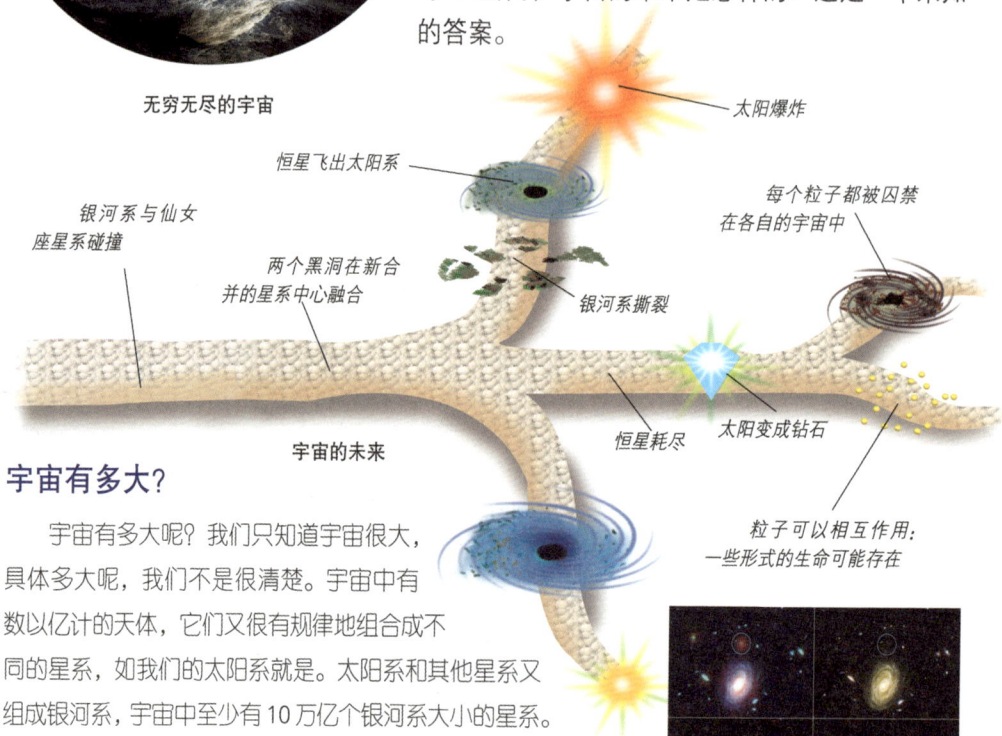

无穷无尽的宇宙

太阳爆炸

恒星飞出太阳系

每个粒子都被囚禁在各自的宇宙中

银河系与仙女座星系碰撞

两个黑洞在新合并的星系中心融合

银河系撕裂

宇宙的未来

恒星耗尽

太阳变成钻石

宇宙有多大？

宇宙有多大呢？我们只知道宇宙很大，具体多大呢，我们不是很清楚。宇宙中有数以亿计的天体，它们又很有规律地组合成不同的星系，如我们的太阳系就是。太阳系和其他星系又组成银河系，宇宙中至少有10万亿个银河系大小的星系。宇宙空间是十分广阔的，单是银河系的宽度就有10万光年。

粒子可以相互作用：一些形式的生命可能存在

在宇宙10亿岁到60亿岁期间，宇宙中星系的演化可能经历一个"婴儿潮"阶段，其表现是星系规模持续扩张，恒星快速孕育诞生

封闭的宇宙

开放宇宙

平坦宇宙

宇宙的形状

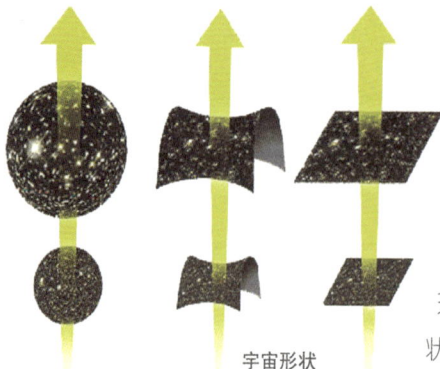

关于宇宙的形状，历来众说纷纭。科学家们通过科学实验，再现了宇宙形成的初期景象，推断宇宙的形状很可能是扁平的，而且一直处于不断膨胀的状态。当然，也有科学家认为，宇宙很可能是球形的，还有人认为是轮胎形的。宇宙究竟是什么形状的，目前还没有一个明确的答案。

宇宙形状

末日猜想

如果宇宙无休止地继续膨胀下去，那么像太阳一样的恒星将耗尽它们的核燃料，变成白矮星，宇宙空间就会越来越寒冷和黑暗。可是假如万有引力足以使扩张最终停止，那么宇宙中的所有物质将重新开始聚集，星系也会碰撞并融为一体，宇宙将又回复到它最初的状态。

宇宙不断膨胀，星球之间存在着一种抵消引力的力量

撕裂宇宙

有一种说法：宇宙的命运很大程度取决于暗能量。而且有人认为这种神秘能量正在加速宇宙膨胀的速度，最终将可能撕裂我们的宇宙，并最终让宇宙在所谓"大撕裂"的惨烈命运中终结。

"大挤压"说

与"撕裂说"相对的是"大挤压"说，暗能量可能会衰变，从而导致宇宙膨胀最终开始减速并逆转，重新开始缩小，回到宇宙大爆炸的状态，并在同样惨烈的所谓"大挤压"中灭亡。

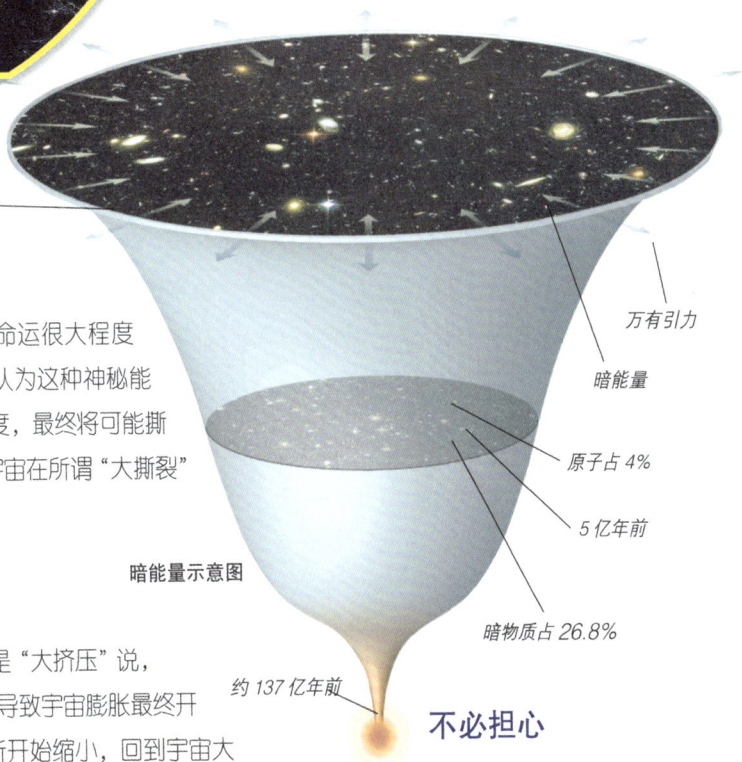

万有引力

暗能量

原子占 4%

5 亿年前

暗物质占 26.8%

暗能量示意图

约 137 亿年前

不必担心

乐观地想，我们的宇宙终止也是几十亿年，甚至几万亿年后才会发生。也就是说，我们之后的很多代子孙是不必要担心的。假使那个时候还有我们人类，想必他们也会找到解决问题的办法。

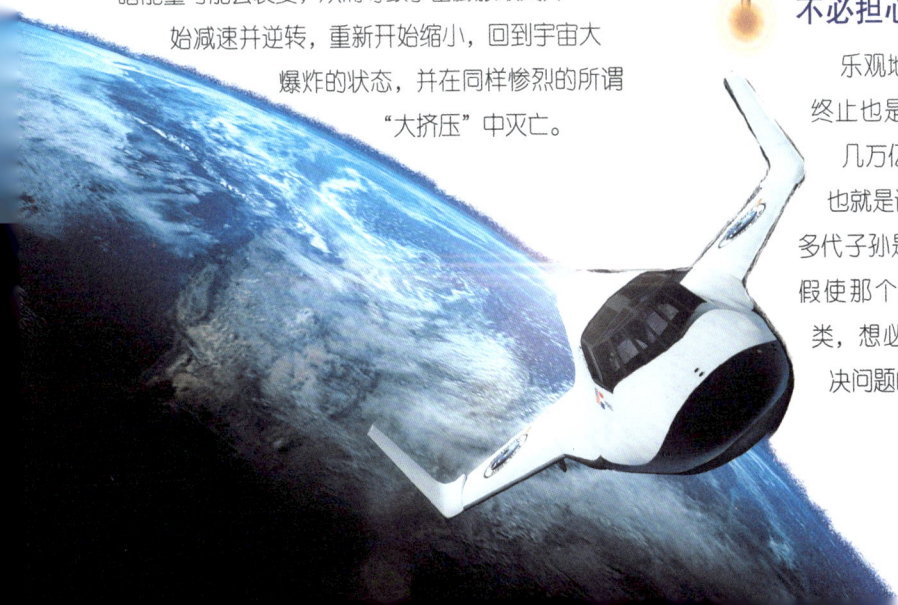

19

如果到了宇宙边缘会怎样？

奇思妙想

很早就听说过宇宙了，我们生活的地球，看到的太阳、月亮以及闪闪发亮的星星都在宇宙中，宇宙究竟有多大呢？宇宙外面的世界是什么样的呢？我们有一天会不会乘宇宙飞船来到宇宙的边缘呢？

宇宙到底有多大，它有没有边缘，没人能说得清。哲学家认为宇宙没有开始，也没有结束，更没有边际。哲学中的宇宙概念太深奥了，我们也许理解不了，那下面我们把眼光放在目前科学技术所能了解和观测到的宇宙。

从最新的天文观测资料看，目前人类观测到的最远的星系距地球大约有130亿光年。也就是说，人类如果要从地球出发到该星系，乘坐和光速一样快的宇宙飞船（光速约每秒30万千米），也要经过130亿年才能到达那里。而这远在130亿光年外的星系，还都是个未知数，所以从这个意义上，宇宙是无限大的，而乘坐宇宙飞船到宇宙边缘是永远也实现不了的。限于目前的科技水平，我们能观测到的宇宙范围只能到这一程度了，但在已知的宇宙空间里，人们已经发现和观测到大约1250亿个的星系了，而且每个星系又有上千亿颗像太阳一样的恒星，而我们的地球只是太阳系中的一颗普通行星。

在如此浩瀚的宇宙中，地球真是太渺小了，因此，人类认识宇宙不是一朝一夕的事，而是需要很长的时间。

太空城参观记

"欢迎各位来到我们太空城做客！我对大家的到来表示热烈欢迎。下面我将带领大家一览我们的空中楼阁哦！"说这话的是太空城的市长，他正在接待来自地球的我们，参观这座人间宫阙。

我一眼望过去，这不是一个巨大的车轮嘛。它周长约300千米，整个居住面积约有20000平方千米，可以住十几万人呢。从城市的这头走到另一头，得花六七个小时。它是全封闭的，生活环境和地球完全一样。

市长继续说道："整个太空城划分成行政区、住宅区、文化区、游览区和商业区，最大的是游览区。游览区里有蜿蜒起伏的青山，有潺潺不断的绿水，花草遍地，果树成林。没有灰土的公路上，奔驰着没有噪声、不排放废气的车，环境比地球强得太多了！而且，也不会感到很拥挤，因为20000平方千米的居住面积，相当于半个瑞士那么大。"想象得到吗？天空中白云朵朵，河面上白帆点点，树林里百鸟齐鸣，草原上鹿兔嬉戏。此外，这里还有一个特别景致。透过天空中的浮云，你能隐隐约约地看到头顶上的"地面"，那儿的山峰、树木、房屋和行人都是头朝下倒立着的，真奇怪。

我继续追问："食物从哪里来呢？"市长讲到，在圆筒的顶部，有一大圈茶杯模样的结构，那就是农业区，有大约400平方千米耕地。不过，农业完全是工厂化的。自动化农场自动向农作物提供二氧化碳、水和肥料，一年可以收获四五次，产量比地球高好几倍。牲畜和家禽也长得比地球上的大。农产品自给自足完全没有问题。

另外，太空城设有一批工厂，工厂可以生产出在地球无法生产的东西，比如冶炼难熔金属、提炼非常纯净的大块晶体、制造轻得能浮在水面的泡沫钢等。这些都是地球上无法实现的哦。

我对未来的太空生活充满了兴趣，这绝不是梦。

星　系

星系是宇宙中庞大的星星"岛屿"，也是宇宙中最大、最美丽的天体系统之一。所有星系都是由许许多多恒星组成的宇宙岛。这些"岛屿"星罗棋布地分布在广袤的太空，上面居住着无数颗恒星和其他各种天体。到目前为止，人们观测到了约 1000 亿个星系，它们有的离我们较近，有的却非常遥远……

仙女座星系 M31

星系的起源

在宇宙大爆炸后的膨胀过程中，分布不均匀的星系前物质收缩形成原星系，再演化成星系。关于星系前物质，有一种说法认为是弥漫物质，也有人主张是超密物质。关于原星系的诞生，也有两种见解，一种是引力不稳定假说，另一种是宇宙湍流假说。

科学家发现距地球约 137 亿光年的星系，这是迄今人类发现的最遥远的星系，并且是宇宙大爆炸之后不久形成的星系

宇宙长城

浩瀚无穷的宇宙星空在万有引力的作用下，巨大的星系会聚集在一起，构成星系群或星系团。而星系群又会聚集在一起，成为超星系团。根据观测，发现宇宙中的大量星系都集中在一些特定的区域中。这种大尺度结构，看上去就像长长的链条，被人们形象地称为"宇宙长城"。

形状各异的星系、星系团、超星系团

哈勃和星系分类

1990 年 4 月 24 日，美国"发现号"航天飞机把一架大型天文望远镜送入环地球轨道，这就是"哈勃空间望远镜"。哈勃是一个人的名字，他就是天文学家爱德温·鲍威尔·哈勃，他被誉为"星系天文学之父"，正是他开辟了河外星系和大宇宙的研究。1926 年，哈勃根据星系的形状等特征，系一直沿用至今。

爱德温·鲍威尔·哈勃

哈勃空间望远镜

河外星系有哪些

顾名思义，河外星系指的是银河外的星系。因为距离我们地球比较远，所以人们看到的河外星系只是一个个模糊的光点，因此它们也被称为"河外星云"。河外星系也是由大量的恒星组成的，现在观测到的大约有 10 亿个河外星系。按照它们的形状和结构，可以分为：旋涡星系、棒旋星系、椭圆星系和不规则星系。

棒旋星云 M109

14 亿年　　8 亿年　　5 亿年　　2 亿年

处于演化的不同时期的椭圆星系

旋涡星系——美丽的银河系

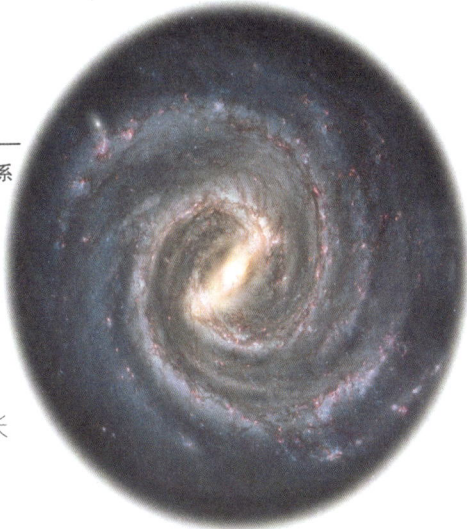

旋涡星系

在星系世界中，也是有大小区别的。银河系虽不是宇宙中最大的星系，但比其他很多星系大多了。宇宙中的许多星系与银河系一样，外观呈旋涡结构，核心是球形隆起的核球，核球外为薄薄的盘状，从星系盘的中央向外伸出数条长长的旋臂的大旋涡。

运动着的河外星系

同恒星一样，星系也是根据大小分类的。河外星系的质量一般在太阳质量的 10^9~10^{12} 倍之间。每个星系内的恒星都在运动；星系本身在自转的同时，整体也在运动。河外星系在宇宙空间的总体分布各个方向都一样，近于均匀。

数不清的星系

浩瀚的宇宙空间里有无数个星系。旋涡星系、椭圆星系外形呈圆形或椭圆形，中心亮，边缘渐暗。不规则星系的外形没有明显的核心和旋臂，看不出旋转的对称性结构，呈不规则的形状。

不规则星云 M82

宇宙引力

在茫茫宇宙空间里，是什么让这些如此庞大的天体连接在一起，各自在自己的轨道上运动着的呢？答案是万有引力。因为有了引力，才能够让物质之间相互牵引，从而形成众多星系、恒星，还有黑洞等其他特殊天体。

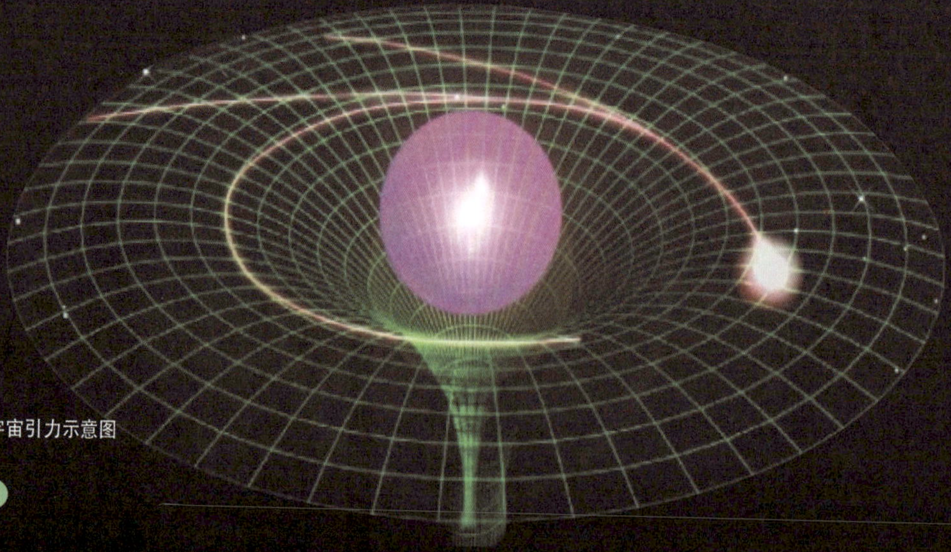

宇宙引力示意图

这个被称为 4C60.07 的系统，显示了两个星系的碰撞，其中左边这个星系已经将大部分气体变为恒星，它的黑洞正在喷出由带电粒子构成的射流。该星系正在从一个即将形成恒星的附近星系吸收气体和尘埃。

星系大碰撞

据说在 6500 万年前，一颗小行星撞击地球，最后导致整个恐龙家族遭到灭绝。相比小行星撞击地球，星系之间的碰撞要惊天动地得多。根据研究发现，我们宇宙中的星系之间的碰撞和合并事件十分普遍。这也是星系演化的重要环节，许多大型星系就是由许多较小的星系碰撞形成的。

死亡星系

通过哈勃望远镜，人们拍到了一些恒星发出的昏暗的"幽灵之光"。据研究，这些恒星来自于一些早已死亡的古老星系，后者早在几十亿年前，就在引力相互作用中被撕扯得支离破碎。这些"幽灵"出没的地方，距离地球 40 亿光年，位于一个由近 500 个星系构成的巨大星系团中。

泛着"幽灵之光"的死亡星系

麦哲伦星云

离银河系最近的星系，就是大麦哲伦星云和小麦哲伦星云，距离银河系有十几万光年。这两个星系都在南半天球，离南天极不远，在我国南沙群岛地区可以看到。16 世纪的时候，葡萄牙探险家麦哲伦乘船到了南美洲南端时看到了它们，他回到欧洲做了报道，所以它们被后人称为麦哲伦星云。

不规则星系——大麦哲伦星云

如果宇宙中的行星都静止不转会怎样？ *More*

奇思妙想

如果宇宙中行星都静止不转了，那么原因可能有两种，一种是它们围绕着运行的恒星灭亡了，也就是说宇宙中没有像太阳一样的恒星了；一种是行星的引力大于它们所环绕的恒星，于是行星不转了，而是恒星围绕行星转，如太阳围绕地球转。

如果行星不转了，宇宙会发生翻天覆地的变化，我们根本想象不到那是一种什么样的情景，但现在我们不需要想象这些事情，原因就是行星一定会转的。以地球这颗行星为例，地球为什么会绕地轴自转？为什么会围绕太阳公转？天文学家认为地球的自转和公转与太阳系的形成有很大关系。

太阳系是由原始星云形成的。最初，原始星云是一团稀薄的气体云，大约在50亿年前，由于受某种扰动影响，从而在自身的引力作用下向中心收缩。经过漫长演化，原始星云中心部分物质的密度增大，温度升高，最后达到可以发生热核反应的程度，从而演变成了太阳。而太阳周围的残余气体则又会慢慢形成一个旋转的盘状气体层，它经过收缩、碰撞等一系列过程后，最终形成行星、小行星、彗星等太阳系天体，由于形成太阳系的原始星云所带的角动量在形成太阳系之后不会损失，但它会重新分布，所以行星等天体在漫长的积聚物质的过程中都会得到一定的角动量。依据角动量守恒定律，行星等天体在收缩过程中转速将越来越快。地球从中所获得的角动量主要来自地球围绕太阳的公转、地月之间的相互绕转以及地球的自转中。其他的行星运转的原因和地球类似，但要深入地分析行星运转的原因还需要科学家们做大量的研究工作。

恺萨之城

当夜幕降临时，一场星光璀璨、宏伟壮观的演出开始了。

每年都是在这几天，整个演出格外精彩。城市上空一会儿红蓝相间，一会儿绿黄相间，奇光异彩，绚烂夺目。住在地球上的人发出令人惊叹的叫喊："真是太美了！"他们以为是宇宙中的星系在碰撞呢。

当然，在恺萨之城里居住的人最清楚。恺萨之城在银河系的旁边，距离地球有15万光年。这是他们每年的盛大派对。先辈传下来的传统，每次都由星王来主持。星王是恺萨之城的统领，拥有至高无上的权力，每个人都要听命于他。他也确实是一位精明的领导者——慈祥仁厚、受人尊敬。

这里每个人脸上都洋溢着幸福的笑容，老人健康长寿，小孩个个机灵，人与人和睦相处，没有纷争，从来没有一次战争，也没有人因疾病而死。据说，这一切都得益于星王的庇佑和教化。

直到有一天，这里平静的生活被打破了。原来，有个地球人发现了一个秘密——地球上有一个地方留下的遗迹，和这个名叫恺萨之城上的物质十分相似。最令地球人感到激动的是，恺萨之城的人的身体组成和地球上一个地方突然失踪的人类有着惊人的相似。这一发现，立即震惊了世界。

很快，由地球人组成的探险队乘坐宇宙飞船飞往恺萨之城。探险队员们见到了星王，星王很友好地接待了他们，并告诉了他们一个秘密。星王说："我们确实是地球人的一种，以前就生活在地球上的一片丛林中，过着自由自在的生活。后来，由于外族入侵，我们的头领不甘心被奴役，就带我们来到了这里。"接着他又略带忧伤地说，"还有，我们的祖先说过，一旦秘密被揭开，我们的末日也就到了。"

探险队员们不以为然，以为是星王吓唬他们的。当天，他们接受了星王的款待，漫步在恺萨之城，仿佛来到了世外桃源一般。可第二天，当他们醒来后，却发现星王和他的臣民都消失得无影无踪了。

这让探险队员们懊悔不已。有人说，星王和他的臣民去了另外的星球，也有人说他们泄漏了天机，遭到了报应。此后再也没有关于恺萨之城的任何消息。

星团和星系群

星团是由十几颗至千万颗恒星组成的，有共同起源，相互间有较强星系联系的天体集团。可分为疏散星团和球状星团。而由十几个甚至数千个星系组成的集团，我们称之为星系团。成员数不足100者，有时又称为星系群。

HCG—87 星系群距离我们地球大约有 4 亿光年

第一次发现

自从 17 世纪，天文学家第一次发现了人马座中的一个球状星团 M22，人们就对星团产生了浓厚的兴趣。试想一下，在拥挤着无数恒星的夜晚，天上挂着好几颗"太阳"，那会是一番什么样的景象？

疏散星团

顾名思义，由十几颗到几千颗恒星组成的、结构松散、形状不规则的星团，就被称为疏散星团。在我们的银河系中，它们主要分布在银道面，主要由蓝巨星组成，例如昴宿星团。疏散星团的直径大多在 3 到 30 光年范围内。

球状星团 M22

球状星团 M67

1990 年通过红外望远镜发现了五合星团。这个星团中有着大质量的恒星，比如手枪星

球状星团

球状星团外形像球形，星团里的恒星平均密度比太阳周围的恒星密度高数十倍，而它的中心附近的密度则要高数万倍。因此，球状星团里的恒星都被彼此的引力紧紧束缚，高度集中在很小的区域内。

疏散星团 NGC 3603

银河系中的星团

在我们的银河系中，大约有 160 个球状的星团。这些星团绕着银河中心转动，其中一部分球状星团处于比太阳系更靠近银心的地方；另一部分处于遥远的银晕甚至更远的银冕中，最远的球状星团已处于银河系外围。

Hickson 44

本星系群

什么是本星系群？它包括我们地球所在的银河系的一群星系，有四五十个星系，是一个典型的疏散星团。我们所处的银河系和仙女座星系，是本星系群中最大的两个，处于它的中心位置。

处女座星系群

在本星系群附近有一个大的星系群，这就是"处女座星系群"。它的质量非常巨大，包含有类似银河系那么大的星系 2500 多个。这里温度很高，会发出 X 射线辐射的云气。每年春季太阳落山不久，你就能在东方的地平线上看到它。

处女座星系群

如果你去最近的恒星旅行会怎样？

1969 年 7 月 16 日，"土星 5 号"火箭载着"阿波罗 11 号"登月飞船进入太空，经过四天的航行，宇航员阿姆斯特朗和奥尔德林，成功地登上了月球。2001 年 4 月 30 日，美国人蒂托进入国际空间站，开始为期一周太空生活。从科学探险到私人旅游，太空离我们已不再那么遥远。太空旅游的开辟使得普通人也能像宇航员一样在宇宙中遨游。也许有人会问，我们也可以去最近的恒星旅游吗？

我们人类居住的地球是太阳系中一颗普通的行星，离地球最近的恒星是太阳，而它只是银河系中的一颗普通的恒星。银河系中的恒星约有 1000 亿颗，其中比邻星是离我们太阳系最近的一颗恒星。比邻星它位于半人马座，是一颗三合星，也就是三颗恒星聚在一起形成的三星系统，它们相互运转，轮流来佩戴"距太阳系最近的恒星"这项桂冠。比邻星离太阳约有 4.22 光年。

迄今为止，人类发射"宇宙飞船"速度最快的是"旅行者"太空探测器，它的时速为 54000 千米。照这样的速度，我们乘坐"旅行者"飞船去比邻星上旅行，来回大约需要 17 万年。打个比方，假如生活在 1.1 万年前的洞穴人发射"旅行者"太空探测器到比邻星，既使没有出现意外情况，目前它还正在茫茫太空中飞行，而且它完成的路程仅仅是全部旅程的 1/15。所以说按照目前的科学技术和我们相对短暂的生命，我们根本就实现不了去比邻星旅行的愿望。

小绿人现身记

在一个遥远的星球上，生活着一种人。

他们个子矮小，皮肤是绿色的，和树叶一样，所以能像植物那样，通过光合作用，吸收恒星的光作为能量。也就是说，这种人不需要吃东西就能生活。因为他们个子小、皮肤绿，所以我们给他们起了个名字，叫作小绿人。

有一天，女研究员贝尔正在工作，突然接收到了一种很奇怪的无线电信号。这种信号时起时伏，断断续续，是从太阳系以外的遥远空间发来的。而且，每天晚上信号都重复，还总是出现在天空同一个位置。

"这是怎么回事呢？"贝尔自言自语。

得知这一惊人消息，她的导师休伊什怀疑，这可能是外星小绿人发出的摩尔斯电码，他们可能在向地球问候。

为了谨慎起见，他们做了进一步测量分析，结果发现，这是一连串很有规则的脉冲。脉冲是什么呢？就是一种很短促的信号，一下一下地突然出现，又突然停止，就像人的脉搏跳动一样。这些脉冲信号每隔一秒

出现一次，两……定，真像是一架电台……这些"电台"叫作"小绿……

次脉冲间隔的时间非常准确、非常稳……在发信号。于是，贝尔和她的老师把……人一号""小绿人二号"……

接收了许多信息，发现在奇……种，这就是小绿人。有一天，……了，一个个圆盘状的物质在空中……惊了，马上报告给导师。原来，真的……

贝尔和她的导师吃惊不已，他们……异的另一个世界还居住着一种神秘的物……贝尔正在工作，突然她望向窗外。可不得……飞着，离她越来越近。这是怎么回事？她被震……是小绿人造访地球来了。

不一会儿，一个小绿人走了过来。他浑身通体绿绿的，一点儿也不可怕，并十分友好地对贝尔说道："你好！贝尔。"贝尔已经平静了很多，忙说："你好，小绿人。欢迎到我们的地球做客。"这以后的几天，贝尔带着他们去了地球上的许多地方。临别，小绿人邀请贝尔去他们的家园走一走。贝尔内心充满了期待，因为她想看看另外一个生命世界，这一天应该不会很远。

银河系

银河系的名字很多，比如星河、银汉等。在夏秋的夜晚，如果你举头望天，就会看见天顶茫茫白色一片，宛如瀑布下泻，这就是银河。虽然在古代，我们的老祖先很早就认识了银河，但对银河的真正认识还是从近代开始的。

银河系

牛郎织女的故事

自古以来，人们对银河充满了无限遐想。如在我国家喻户晓的牛郎织女的故事：传说每年的农历七月初七是牛郎织女在银河上相会的日子。因为织女是天上王母娘娘的女儿，是仙女，而牛郎是凡人。所以为了阻止他们相爱，王母娘娘就用发簪在天上划出一条天河，从此他们只能隔河相望，只有在初七才能相会。

银河系由大约 3000 亿颗恒星组成

数不清的星星

银河是什么，它真的是一条河吗？不是，它是千千万万个恒星的集团。在整个银河系中，有数不清的星星，当然大多数星星是我们无法用肉眼看到的。在天文望远镜里，你就能看到这些密密麻麻的星星。

银河系有多大

银河系究竟有多大？其实，我们这个银河系的确是够大的。它有1000多亿颗恒星，这些恒星聚集在一起，但每个恒星之间的距离却非常大，大多有几十到几百光年那么远。据说，银河系的最大直径将近10万光年。整个银河系的形状，并不像个圆球，应该像一个大铁饼。

从侧面可以观察到银河系像一个大铁饼

运动着的银河

地球、太阳，除了自转，还要做公转，它们一刻也不停地在自己的轨道运动着。银河系也不例外，它也不是静止不动的，时刻在转动着。据说，太阳附近的恒星，绕着银河系中心转动一周，大概需要两亿年。当然了，银河系的自转是无法用肉眼看到的，而是科学家通过精密仪器观测后才研究出来的。

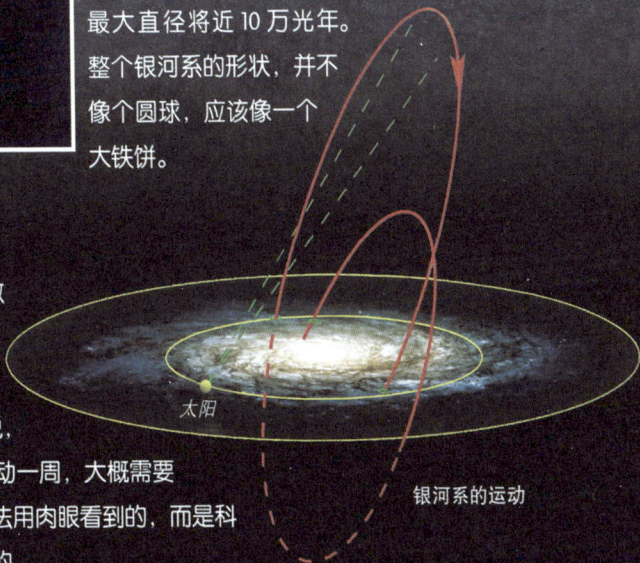

太阳

银河系的运动

太阳在银河系中心吗

对于地球来说，太阳足够庞大了。可对于太阳来说，银河系又足够庞大了。在银河系中，太阳就好比一箩筐芝麻中的一粒。1750年，英国天文学家赖特提出，银河系是一个呈扁平圆盘状结构的系统，太阳并不在圆盘的对称面上，而是在略微偏向于对称面北侧的位置，不在银河系的中心。

RS Pup　太阳

太阳位于银河系边缘，银河系第三旋臂——猎户旋臂上

远看银河系

从实际的观测来看，银河系的大部分恒星集中在一个扁圆的盘形空间里。假如我们能够从银河系外很远的地方看银河系，那么，整个银河系看起来和我们今天在望远镜里所看到的河外星系一样。仙女座星系是离银河系最近的河外星系之一，它和银河系差不多一样大，结构也相似。

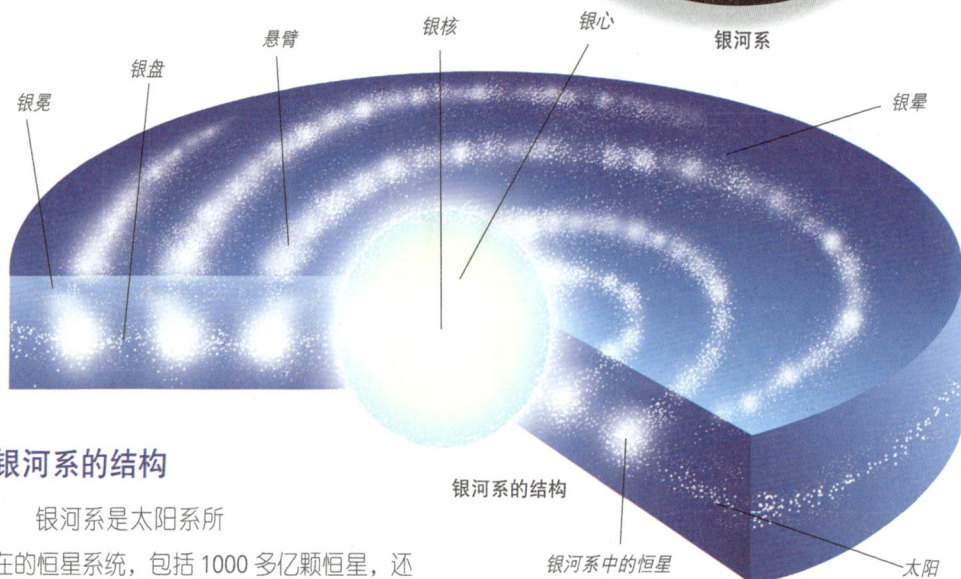

银河系

银冕　银盘　悬臂　银核　银心　银晕

银河系的结构

银河系中的恒星　太阳

银河系的结构

银河系是太阳系所在的恒星系统，包括 1000 多亿颗恒星，还有各种类型的星际气体和星际尘埃。像太阳这样的恒星是构成银河系的主要天体，从恒星的位置和距离，就可以大概看出银河系的结构。

银盘是星系的主体，主要是由 4 条巨大的旋臂环绕组成

银盘是什么

银河系中多数恒星集中在扁盘状的空间范围内，似铁饼状，称为银盘。银河系直径约 10 万光年，银河系圆盘中心致密区的能量很高，叫作"银核"，厚约 1.2 万光年。在圆盘系统外，还有一部分恒星稀疏地分布在一个圆球状的空间范围内，形成银晕。在银河系中，我们可探测到的物质，大都在银盘范围以内。从外形来看，它像一块凸透镜。

银河系的中心——银核

银河系的中心

　　银河系的中心是在人马座方向。在银河系中心，这里的恒星的空间密度最大，形成了一个大致球状的核球，银核就在核球的中心。银河系里聚集着数不清的恒星，这些恒星都被行星环绕着，其中还飘浮着尘埃、气体。而我们的太阳是在猎户臂靠近内侧边缘的位置上。

沙普利的银河系模型

　　银河系是什么样的呢？美国天文学家沙普利利用威尔逊天文台的胡克望远镜，对球状星团进行了探寻，探寻了银河系的大小和形状。他花了两年时间，画出了当时已知的 93 个球状星团的三维分布图。当他正在为球状星团聚集感到迷惑时，突然产生了一个灵感，球状星团的分布揭示了太阳系在银河系的位置！银河系的模型诞生了。

沙普利的银河系模型

"孪生妹妹"仙女座星系

　　秋天的夜晚，在东北方向的天空有一个椭圆小光斑，看起来像个纺锤，那就是仙女座星系。它和银河系长得很像，一般人是不容易分出来的，可以说是银河系的"孪生妹妹"。仙女座星系是一个盘状星系，为仙女座中一片星云，是肉眼可见的遥远天体，也是离我们银河系最近的巨大星系。

银河系和相邻的仙女座星系

奇思妙想

要去银河系旅行了，你有什么期待？准备好了吗？横着看，银河系像一只大铁饼，直径有10万光年，中间最厚的部分3000～6500光年。银河系虽不是宇宙中最大的星系，但比很多星系大多了。从上方看，它像是一个长着4条旋臂的大旋涡，因而它属于旋涡星系的一种。

驾驶着超光速飞船，离开我们的太阳系，向银河系的中心人马座方向挺进。银心是一个十分活跃的地方。那里居住着数千亿颗恒星，它们个个都是老寿星，都超过了上百亿年。明亮的星云到处都是。同时，空间弥漫着一种独特的山莓味。这是因为尘埃中含有化学物质甲酸乙酯的缘故。

越接近银心，温度也就越高，其中还有一个巨大的光柱，它大得惊人，长约2.7万光年。

雷达显示，很多星星和尘埃都不停地向银心人马座A那里靠拢，天哪，发生了什么事？原来，正如科学家们推测的，人马座A就是一个有250万个太阳质量重的巨型黑洞。幸好发现得早，不然，就要被这个怪兽吞掉就再也回不了地球了。

银河舰队在行动

"队长！有情况报告。"这是负责银河系安全的银河舰队在通话。银河舰队是银河系的守护神，它们有一流的装备，能监测到任何风吹草动。一旦有什么恶魔来破坏宇宙世界，它们就会火速出发，在最短的时间内解决战斗。

"什么情况？"银河舰队队长问道。他随即命令下去，指挥员各就各位，随时准备出发。经过进一步观测，发现在距离地球不远的仙女座上发生了流星雨，场面十分壮观，令队员们赞叹不已。

"一场虚惊，原来是流星雨啊。"队长对宇宙中的各种现象可谓了如指掌，大爆炸、流星雨、星系碰撞等。当然，有些自然现象他们是无法拯救的，就比如星系之间的大碰撞、小行星发生爆炸。他们的工作主要是保护地球生命以及地球的安全，也包括发现外星人。

接着，有侦查员继续报告队长。

"不好了，队长！"

"不要大惊小怪。发现什么情况？"

"有一颗小行星，也可能是彗星，目前还无法确定。不过，它正朝地球的轨道飞速飞来，未来有可能会撞上地球！"

一旦小行星撞上地球，如果撞到陆地上一定是一个大坑，会引起地球大火，殃及地球生命。同样，要是撞到了大海里，也是一件惊天动地的大事，就要引发海啸。队长随即召开紧急会议，部署下一步的行动计划。"我们还有一小时的时间准备，大家有什么好的计策。"舰长说道。

"我建议用太空飞船撞击它，改变其轨道或把它撞碎。不过呢，这如同使用核武器一样，也可能带来其他灾难。"其中一个队员站起来报告队长。他目光坚定，觉得这可能是唯一最有效的办法。

"一定要掌握好时机。这样就能减低灾害。现在，我宣布按照这个计划执行。"队长说，"它的任务可不轻哩，祝它好运！"很快一艘太空飞船发射升空。说时迟，那时快。就在小行星距离地球还有8万千米的空中，太空飞船成功地拦截了它，然后太空船发生了爆炸，这颗小行星也随即灰飞烟灭。

看着这一幕，队长悬着的心终于落下了，队员们发出阵阵掌声。

星际物质

星际物质又叫星际介质。用肉眼看去，宇宙里空洞洞的，星星之间是空无一物的吗？其实，在星际之间确实是存在尘埃和气体的，这些物质就叫星际物质，包括星际气体、星际尘埃和各种各样的星际云，还包括星际磁场和宇宙射线。

星际气体是星际介质中的气体成分

星际物质的概念

星际物质是指恒星之间存在的各种物质。星际物质在空中分布不均匀，有些地方特别稠。在大多数情况下，星际物质出现在云状聚集物中，比如银河系，这里的星际物质主要位于旋臂中，那里还有大量的年轻恒星和星云。

位于银河系旋臂中的星际物质

星际气体

星际气体包括气态的原子、分子、电子和离子等。其组成元素主要是氢，其次是氦。它们的元素丰度和太阳与其他恒星上的丰度一致。在宇宙中，当星际气体的密度增加到一定程度时，就会发生塌缩，最终形成恒星。

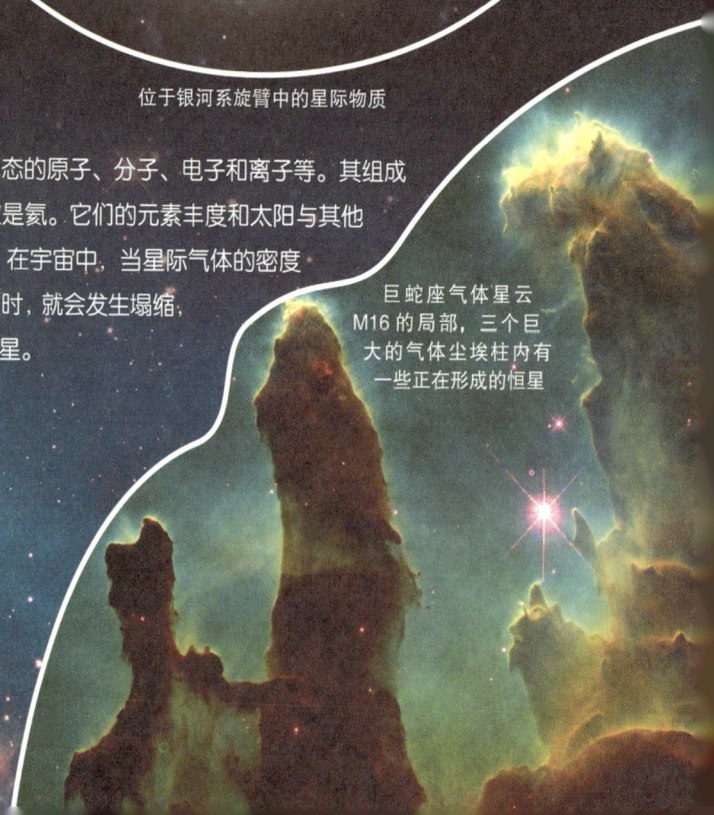
巨蛇座气体星云M16的局部，三个巨大的气体尘埃柱内有一些正在形成的恒星

星际气体

宇宙尘埃

在浩瀚的宇宙空间中，不只有恒星、行星、小行星等，还弥漫着大量的尘埃。这些尘埃主要是由无定形碳、碳酸盐和硅酸盐组成的固体小颗粒，尺寸只有1微米的几分之一，仅相当于抽烟时那袅袅上升的烟雾颗粒般大小。假如没有这些尘埃，人类的空间望远镜在太空中就能看见更多的星星。

宇宙尘埃落向地球

尘埃何处来

生活中，只要一段时间不擦拭，桌上、地上就布满了灰尘。这些脏东西到底是从哪儿来的？像我们地球这样的岩石质行星，其前身就是一大团的尘埃云，岩石是尘埃凝聚熔化之后形成的。同样道理，宇宙尘埃是建造宇宙天体的起点。

由高能星光产生的赤热气体冲击着星际间的氢气发出绚丽的光彩。冷巨星喷发出的大气和超新星爆炸产生的碎屑组成了礁湖星云周围暗色的尘埃。由氢、硅和氧发出的彩色光恰当地分配在泻湖星云中，组成了这个壮丽的景象

大麦哲伦星云尘埃

尘埃聚起

在人类发明天文望远镜后，我们银河系的邻居星系，也就是大麦哲伦星云中爆发了一颗超新星。这是离我们最近的一颗超新星，名字叫SN1987A。根据天文学家的观测，发现这颗超新星爆发产生的宇宙尘埃实际质量是理论预言的4~7倍，这么多尘埃足够制造20多万个地球了。

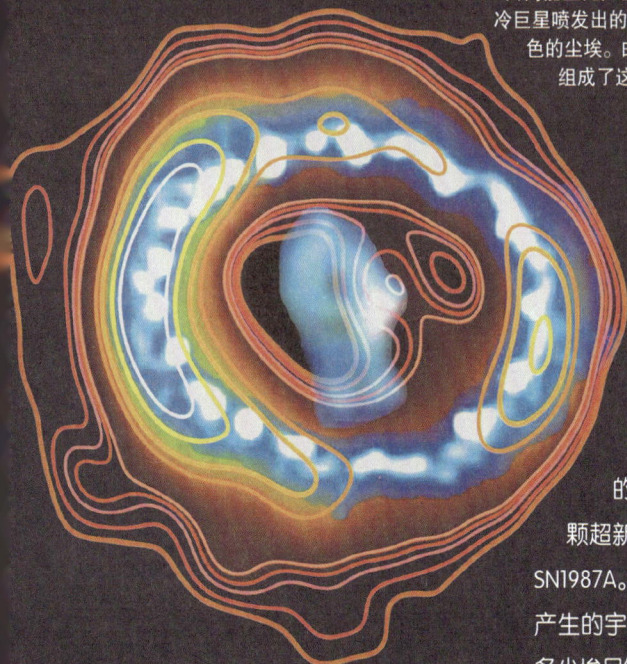

哈勃望远镜所观测到的超新星——SN1987A

如果让你在星际间穿行会怎样？

奇思妙想

人们对神秘的宇宙充满了浪漫遐想，如果有一天我们坐着宇宙飞船穿行在星际空间中，不仅宇宙中的无限美景尽收眼底，说不定还会碰上外星生命呢？我们的宇宙飞船能无拘无束地穿行在星际空间吗？答案就两个字"不能"。

虽说人类已经登天，但离我们的想象还有差距。至今为止，人类的载人航天只在地球附近的太空中活动过，而且还时常发生太空灾难，至于在星际间（星体与星体之间）穿行简直就是幻想中的事，至少在未来的 100 年中是不可能实现的。尽管宇宙中高真空、强辐射、超低温等因素使得人类不能在探索宇宙奥秘时随心所欲，但在科学家的努力下，我们还是对星际间的关系有了一定的认识。

比如，对星际间是否完全真空这一问题，以前人们都认为在广袤的星际空间中，除了恒星、行星、彗星、小行星等看得见的天体外，星际间是否是一无所有的真空，科学家们充满疑惑，因为他们在用望远镜观测星空时发现有一层薄雾挡住了他们的视野，而且星光在穿过这层薄雾后，亮度也相对减弱了，这是为什么呢？科学家们经过研究发现了其中的奥秘，那些薄雾状的物质，90% 是气体，而且绝大多数气体是氢，另有 10% 是极小的固体尘埃。

此外，科学家们还发现组成这些尘埃粒子的年代有的竟然比太阳和其行星形成的年代还要久远，所以人类的太空飞船在太空中执行任务时会用气凝胶捕捉一些太空尘埃来供科学家研究宇宙形成更深奥的问题。

银河系的化妆舞会

如果说银河系是一个巨大的恒星岛，那么宇宙中像这样的"岛屿"有无数个。真是天外有天。这些岛屿千姿百态，面貌各不相同，令人眼花缭乱。可是它的里面并不太平，弱肉强食时有发生，简直是个疯狂的世界。

"快来参加舞会哦！"一个声音说道。

"马上就要开始了！"宇宙里最热闹的化妆舞会就要开始了，小星系贝塔乐坏了，四处招呼，让大家做好舞会前的准备工作。

一个个绚丽的面具，一双双美丽的蓝眼睛，银河系热闹的化妆舞会已经开始啦！有意思的是，贝塔和另一个星系娜达刚刚相遇，彼此喜欢上了对方，开始绕着对方热情地跳起了探戈，好不热闹。贝塔可不是一个简单的星系，最爱跳舞，也是宇宙中最帅的星系。不信，你看他的面具上点缀着数不清的蓝色宝石，一身宝气，估计再也遇不到这么亮丽的身影了，其他星系凑过去，都争相和他跳舞。

可贝塔一点儿都不将就，他是一个王子。一直以来他都在耐心等待自己心上人的到来。忽然一个星系闯入了他的眼帘，这就是刚刚提到的娜达。娜达端庄秀丽，脸上带着一丝羞涩，一下子就俘获了贝塔的心，他立刻过去搭讪并想法接近她。没想到，娜达欣然应允。

音乐响起，化妆舞会快乐地进行着，灯光摇曳中，大家热情似火地欢跳着，宇宙中从来没有像今晚这么热闹过，他们都沉醉其中。同样，贝塔和娜达也是沉浸在爱情的甜蜜里，久久不愿分开，一曲完了又一曲，直到舞会结束。

时光荏苒，许多年过去后，我们知道他们已成为了一家人，彼此再也没有分开。当然，除了这样一种美好的爱情故事，也有许多头破血流的冲突事件。这不，有一天，两个邻居正好撞上了，谁也不想受到侵犯，怎么办？一场厮杀开始了，并与银河系中的星星们发生了摩擦。当然，这场罕见的连环撞击让我们大开眼界，想不到吧！其实，早期宇宙就是这样精彩纷呈。

星 云

蝴蝶星云

除恒星外，宇宙中还有一些云雾状的天体，称为星云。它们一般比较暗淡，可是由于非常大，其长度是以光年来计算的，比上万个太阳系还要庞大。它们有的亮，有的暗，形状千变万化，十分古怪，比如马头星云、猫眼星云、蝴蝶星云等。

星云是什么

星云是什么？它是一种由星际空间的气体和尘埃组成的云雾状天体。有的星云形状很不规则，呈弥漫状，没有明确的边界，叫弥漫星云；有的星云像一个圆盘，淡淡发光，很像一个大行星，所以称为行星状星云。

猎户座大星云

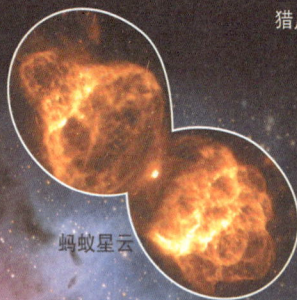

蚂蚁星云

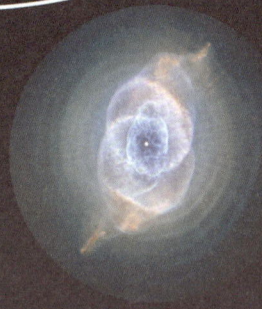

猫眼星云

星云是怎样形成的？

在浩瀚的宇宙空间里，遍布着众多的气体和微小的尘埃粒子，这些地方有的很宽很厚。当然，如果在它们周围恰好有恒星照射，就自然而然地形成了星云。星云是一种云雾状天体，由宇宙空间中极其稀薄的气体和尘埃组成。

三裂星云

原始星云

在很久很久以前，银河系里有许多原始星云，其中有一块星云就孕育着太阳系。到距今约50亿年以前，这团炽热的星云不断收缩、旋转，其中心温度最高，形成太阳。而周围的物质就形成了围绕太阳运转的其他天体，地球就是其中之一。

原始星云

第一次大发现

1759年，一位法国天文爱好者在观察星空的时候，发现在金牛座的恒星之间有一个云雾状的斑块，样子很像彗星，但它的位置却不变化。后来，经过仔细辨认，这个云雾状的天体就是今天我们说的星云。当然，这也是人们第一次发现星云，它不是一团模糊的气体，而是有形状的。

金牛座

星云的组成

天鹅星云

在宇宙城堡中，星云也会呈现出不同的模样。它就好比我们天上的云彩，也会时而呈现不同的模样，艳丽多姿。据介绍，对每一个新发现的星云，人们都会根据它的外部特征，联想到生活中的物体，给它一个天文编号，还会有一个外号，如天鹅星云、沙漏星云、爱斯基摩星云等。

沙漏星云

恒星与星云

恒星和星云有着密切的"血缘"关系，为什么呢？这是因为，恒星是在一片含有氢分子和尘埃粒子的星云中诞生的。当星云塌缩，星云附近的物质就被收集起来，旋转进入吸积盘，在中心形成原恒星。与此同时，恒星还会向各个方向喷射出快速移动且持续不断的粒子流，这种粒子流叫恒星风。

恒星就是星云在运动过程中，在引力作用下，旋转进入吸积盘，收缩、聚集、演化而形成的

鸢尾花星云

这是一颗有 10 个太阳质量重的大恒星，就像是一朵盛开的蓝色鸢尾花。位于鸢尾花的花蕊深处，形似一个中心大洞。这个洞原来有很多气体和尘埃，后被恒星形成时的恒星风吹走了，因此变得空荡荡的。在鸢尾花的花蕊外，分布着无数的尘埃粒子，它们将恒星发出的蓝光散射出去，使之呈现出梦幻般的蓝色。

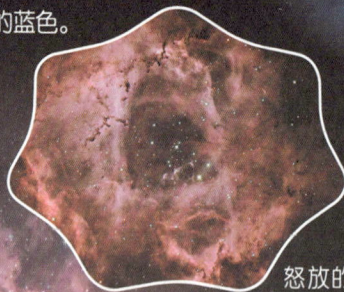

鸢尾花星云

玫瑰星云

玫瑰星云看上去像一朵怒放的红玫瑰，呈对称的形状，是由居于中心的年轻炽热星团发出的恒星风和辐射雕刻而成。星团发出强烈、高能的紫外线辐射，足以电离玫瑰星云内的氢气。一旦发生电离，氢将发射一定波长的光。

玫瑰星云

大象的鼻子

这是一团冰冷的分子云，可是猛烈的恒星风将它吹散，只剩下一个圆圆的鼻头，鼻头后面跟着一条细长且卷曲的"鼻梁"，长长的鼻子长度超过 20 光年，整体上非常像大象的鼻子，它就是著名的象鼻星云。

象鼻星云

老鹰星云

奇形怪状的星云

宇宙中还有很多奇形怪状的星云，如吃豆人星云的外形看起来像是吃豆人游戏中那个张大嘴巴吃着豆子的小精灵，而猫眼星云有 11 个同心圆的尘埃环，加上星云中间的气体云朵，使这个星云看上去像是迷人的猫眼睛。此外，还有天鹅星云、老鹰星云、心脏星云、灵魂星云、北美洲星云、马头星云等。

吃豆人星云

星云与宇宙尘埃

宇宙中充满了无数尘埃，比如一些极其微小的岩石颗粒与金属颗粒。你知道吗？随着地球围绕着太阳公转，地球每年可以收集大约 40000 吨尘埃。连美丽的星云也是由尘埃组成的。这些尘埃看似不起眼，却能对我们的生活产生不容忽视的影响。如果宇宙中大量的尘埃飘到了地球上，则预示着自然灾害将要发生。

星云与宇宙尘埃

45

如果仙女座星系撞上银河系会怎样?

奇思妙想

仙女座大星系 M31 距离我们 220 万光年，是地球人类可以用肉眼看见的最遥远的天体。M31 的直径约 16 万光年，几乎比银河系大一倍，它所包含的恒星数目也比银河系多一倍，质量也比银河系大一倍以上。

在宇宙中，星系与星系间的"撞车事故"经常发生。如果我们的银河系与最近的邻居——仙女座星系撞上，到那时，地球的夜空中将再也没有繁星点点的银河了，银河将不复存在。而星空将剧烈变幻，一颗颗奇怪的星星像模特表演一样在你面前走过，而且你每天所看到的景象都不是重复的，这将是非常难得的奇观！到那时，万一太阳系被某一颗恒星不幸擦碰到了，那也是太阳系外围的海王星、天王星遭殃，地球是不会有问题的。不过，有些路过的恒星可能会干扰一些彗星的轨迹，让地球上出现美丽的流星雨。即使相撞，也是 20 亿年后的事情。那会儿，太阳比现在更大、更明亮，会烤干地球上的海洋。因此，地球上是否还有人能见证这件事，将很难预料。

宇宙中的选美大赛

星云是个庞大的家族，它们一个个像地球天空上的云朵一样，经常会呈现出各种各样的奇怪模样，也会因光线而呈现出美丽的颜色。它们分布在茫茫宇宙中，就像漫画书中一幅幅美丽的插画一样，绚烂和神奇。

这天，星云家族的布告栏贴出了一则通告：

一年一度的幸运选美比赛开始了，欢迎报名参加。

星云选美大赛组委会

一时间，该消息在星云家族里引起轩然大波，大家都跃跃欲试。天鹅星云、老鹰星云、心脏星云、灵魂星云、北美洲星云、马头星云等都前来报名了。

"我是宇宙中最美的星云，我肯定能被选上？"天鹅星云说道。

"你？我看应该是我。"玫瑰星云自信满满，不甘示弱地对天鹅星云说道。这玫瑰星云，确实非比寻常，虽然没有天鹅星云那么白。不过，它看上去像一朵怒放的红玫瑰，整个儿像被涂上了厚厚一层红胭脂。其实，不仅这两个家伙，其他像北美洲星云、猎户星云等都在找理由，说着自己的优点。

其实，作为一个比较低调的星云，鸢尾花星云也收到了邀请。她正在犹豫该不该去。说实在的，她是一个比较低调的星云，不爱抛头露面，显得默默无闻。这时，她的好伙伴草帽星云过来找她，并说道："你一定要去参加哦，这可是我们最为盛大的比赛哦！"说完，他们一块儿报了名。

时间过得很快，到了比赛日。在评委们的前面，挤满了前来参赛的各路高手，他们都穿着华丽的盛装，等待评委们的评审。远远看去，鸢尾花的确有些与众不同，真不知道是谁给她起了这么个有趣的名字。

首先是展示环节。从灵魂星云开始，大伙一一做了自我介绍后，评委们对大家在第一轮的表现做了打分。第二轮是陈述环节，由评委们提问题进行抢答，最后只剩下了草帽星云、天鹅星云、鸢尾花星云。

决胜环节，评委们让他们陈述什么是美？天鹅星云最先回答，说了许多漂亮的字眼，草帽星云紧随其后。最后，到了鸢尾花星云回答了，她十分害羞地说了几个字："美，就是做最好的自己。"

最终，鸢尾花获得了冠军。

类星体

宇宙浩瀚无边，人们总想看到更远的地方。目前世界上最先进的太空望远镜，已经能够观测到上百亿光年以外的空间了。在拥有无数星系的宇宙太空中，在人类所能观察到的星体中，类星体不能不被提及。

类星体

什么是类星体？

顾名思义，类星体就是类似恒星的星体喽！它们看上去像恒星，但实际上却和恒星有很大的区别：其一，就是红移现象；其二，类星体的光度非常强，可以达到一个直径 10 万光年的星系发出来光的千倍以上。

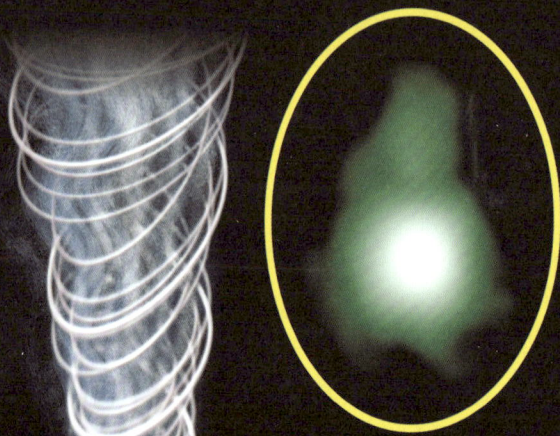

编号为 GB1508+5714 的类星体

宇宙中的灯塔

要是用宇宙中最亮的恒星和类行星相比，简直没法比！你知道吗？类行星的能量十分惊人，它释放出来的能量相当于 20 万个太阳能量的总和。正因为如此，类星体被人们形象地称为"宇宙中的灯塔"。

体积很小

类星体和恒星比身材，只能甘拜下风喽。它的体积很小，直径仅有普通星系的十万分之一，甚至百万分之一，一般直径都不到 1 光年。它如果站在大星系边上的话，就像是巨人身边站了一个小矮人一样。

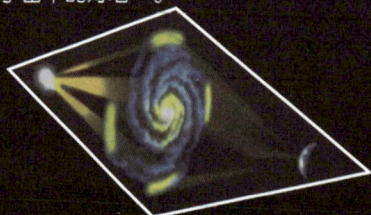

最早的发现

在 1960 年的一天，美国天文学家马修斯和桑德奇用光学望远镜观察太空，突然，他们发现一些星体的紫外辐射很强。经过不断观察、追踪，他们终于发现了在银河系的外面，还有一些类似恒星但又不是恒星的天体存在着，并把它们取名为类星体。到现在为止，人类已发现有数千颗类星体。

原始的类星体

类星体发出很强的紫外辐射，因此它发出的强光的颜色显得很蓝

最遥远的天体

类星体是银河系外的天体，距离地球可遥远了。它与脉冲星、宇宙微波背景辐射和星际有机分子，并称为 20 世纪 60 年代天文学"四大发现"。不过，它就算躲得再远，也逃不出我们人类的火眼金睛。

特殊的黑洞

有一种说法，类星体是一种特殊的黑洞，被宇宙尘埃、云层和大量放射光线包围着，质量比太阳大好几亿倍，而且它在不断吸收物质，并在周围喷射出粒子流，喷出大量的水晶石、红宝石，还有蓝宝石，五彩缤纷。

黑洞的类星体

乘火车得去火车站，坐飞机要到飞机场。可是，假如你想搭乘宇宙飞船或航天飞机去约见外星人，那该从哪里出发呢？目前，太空旅游主要是轨道飞行，目的地是国际空间站。交通工具主要是俄罗斯"联盟"飞船和美国航天飞机。但是，这种旅游的单价在 2000 万美元以上。

或许，在不久的将来，我们将从太空港起飞，奔向宇宙。未来的太空港当然不会设在闹市区，它位于美国新墨西哥州的沙漠地带，总占地面积为 9290 平方米。从整体设计图看，它的外形呈现为一个巨大的水滴形状，充满了科幻色彩，让人觉得这是外星人的基地。有意思的是，这颗水滴的中部凹陷下去，乍看上去就像一个超大型的马桶。

不过，你可不要小看了这个巨型马桶。其中的候机大厅有数层楼高，还有一个飞行控制中心。此外，在太空港的机库中，有完善的停放和维修设施。机库也出奇地大，可以容纳 2 架运载机和 5 架载人飞船。走廊是太空港与外界联系的通道，长达数百米，由混凝土制成。当游客们买到机票后，顺着走廊进入候机大厅，并在那里等候航班，和乘坐飞机一样方便。而整个太空港的设计也不会令人产生任何不安的感觉。太空港，将是未来人们进行太空旅游的第一出发地。

请叫我类星体

"你知道我的名字吗？"

"不知道？黑洞。"

"请叫我类星体。"

"类星体？怎么会有这个奇怪的名字。"

"很多人都知道黑洞，但对我比较陌生。"类星体继续讲述："我是离地球最遥远的天体。特别要说的是，一个普通类星体的直径不到银河系的万分之一，却能发出数倍于太阳光亮的光芒。由于我看起来很像恒星，又能发出强烈的射电波，因而被称为'类恒星射电源'，也就是类星体。

"我这么给你解释吧，我就是类似恒星的星体喽！因为看上去像恒星，但实际上却和恒星有着很大的区别。你有没有注意到，在观察离地球非常遥远的星星的时候，除了太阳之外，其余绝大多数星星就像一个发光的点，而且看上去还是静止不动的，你们人类的祖先就将这些星星看上去也是一个发光的称为恒星。但是，我们却不一样，虽然就是亮度和身材。看上去也是一个发光的点，但却有两处和恒星完全不同，那就是亮度和身材。

"要是用最亮的恒星和我比一比，哈哈，那就好像电灯泡和太阳，没法比呀！我的能量也同样惊人，只一个我释放出来的能量就相当于 20 万个太阳能量的总和。因此，我们被你们人类形象地称为'宇宙中的灯塔'。

"当然喽，要是和星系比身材，那么我只能甘拜下风喽。我的身材呀，那是相当娇小，一般直径都不到 1 光年，你能想象得到吧。如果站在大星系边上的话，就像是巨人身边站了一个小矮人一样啦！

"你问我哪来如此巨大的能量？我给你推荐一本书吧，在《追逐类星体》这本书里，何教授像写个人回忆录一样，又如同写侦探小说一般，把发现和探索我的故事娓娓道来，让人爱不释手，特想一口气把书看完。如果你对我和我们类星体家族感兴趣的话，不妨去买一本读一读，我想你将会更了解我。"

恒 星

太阳

在银河系中，太阳就是一颗恒星。在宇宙空间里，像太阳这样的恒星很多，多得数不过来。为什么要叫恒星呢？这是因为，古代天文学家认为恒星在天空中的位置固定不变，所以起了这样一个名字。其实，现在我们都知道，恒星也是按照一定的轨迹，围绕着它所属的星系在旋转。

物质构成

恒星是由什么物质构成的？它不像我们脚下踩的大地那样结实，恒星是由和我们周围的空气一样的气体构成的。它主要由氢气和氦气构成，这两种气体是恒星的燃料。通过燃烧，恒星释放出光和热量。

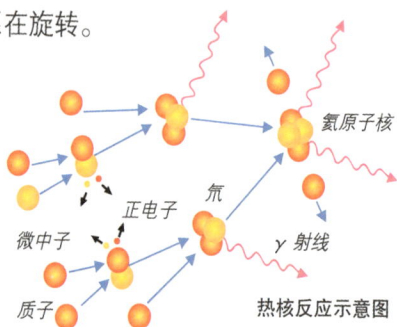

氦原子核
正电子 氘
微中子 γ 射线
质子

热核反应示意图

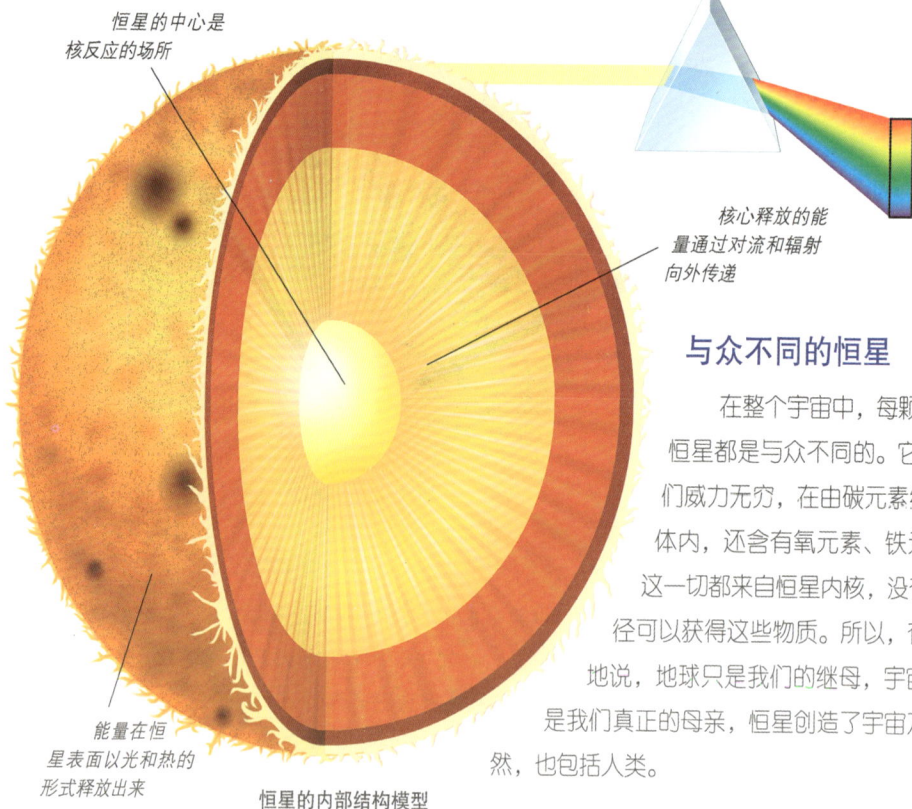

恒星的中心是核反应的场所

核心释放的能量通过对流和辐射向外传递

与众不同的恒星

在整个宇宙中，每颗恒星都是与众不同的。它们威力无穷，在由碳元素组成的星体内，还含有氧元素、铁元素等，这一切都来自恒星内核，没有其他途径可以获得这些物质。所以，有人形象地说，地球只是我们的继母，宇宙恒星才是我们真正的母亲，恒星创造了宇宙万物，当然，也包括人类。

能量在恒星表面以光和热的形式释放出来

恒星的内部结构模型

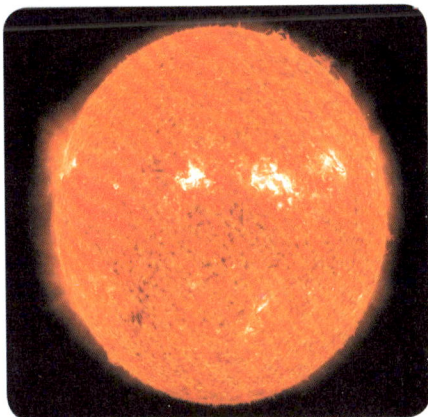

恒星的能量

在宇宙太空，太阳是一颗普通的恒星。我们以太阳为例，每秒钟从它的表面所发出的能量，相当于3700万亿亿千瓦。换句话说，就是在3700后面加上20个零，这真是一个无法想象的天文数字。只要想一想氢弹爆炸的巨大威力，就可以想象到太阳内部核聚变产生的能量有多大了。

太阳内部不但温度极高，压力也很大，所以就会发生由氢聚变为氦的热核反应，从而释放出极大的能量

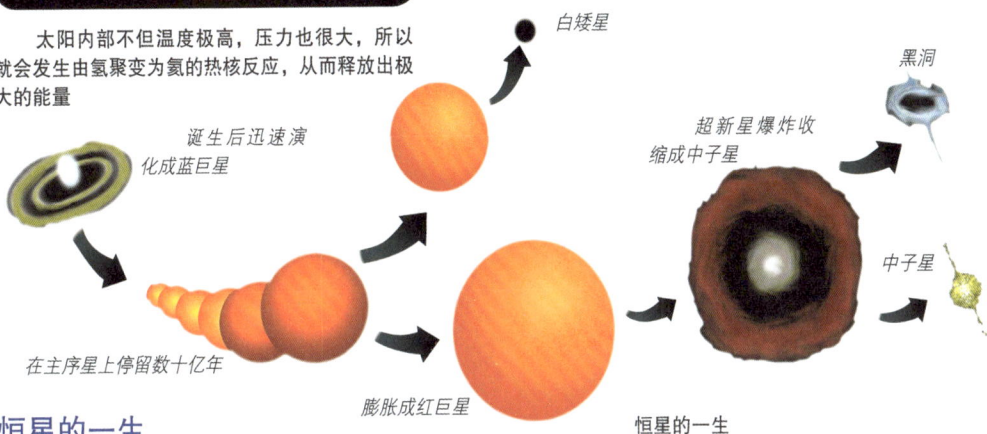

诞生后迅速演化成蓝巨星

白矮星

超新星爆炸收缩成中子星

黑洞

在主序星上停留数十亿年

膨胀成红巨星

中子星

恒星的一生

恒星的一生

根据恒星的演化理论，恒星最终也会爆炸，走向"死亡"。也就是说，当一颗恒星用尽引起内部热核反应的氢时，它也就没有了动力，它的生命历程也就走完了。

不过，现在的太阳还正值壮年，它至少还有50亿年的寿命。太阳如今并不老，只能算是一个中年人。

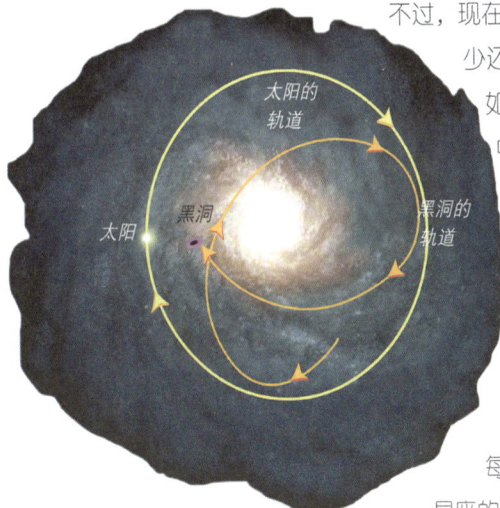

太阳的轨道

黑洞的轨道

黑洞

太阳

恒星运动示意图

天空中的恒星

运动的恒星

虽然恒星的名字，表示永恒不变。其实，它在宇宙中是运动的，不仅在动，而且动得非常快。例如，天狼星以每秒8千米的速度向地球奔来；织女星以每秒14千米的速度向地球奔来；而牛郎星更快，以每秒26千米的速度向地球奔来。由于恒星在不停地运动，星座的形状也在不停地变动。

为什么恒星会爆炸?

这么说吧，恒星之所以能发光，是因为恒星总是在进行激烈的核聚变，就像有很多氢弹在连续不断地爆炸一样。太阳就是一个例子。它本身就是一颗恒星，在它是星云团时，中心的压力过大，导致核聚变发生。核聚变导致了其内部温度的不断升高，并且在发生核聚变时，也同时向外播撒红外线以及光。

恒星的核聚变

太阳

VY 星

最大的恒星

大约在 46 亿年前，太阳这颗恒星诞生了。根据观测，太阳的直径约为 139 万千米，可容纳 100 万个地球。可是，在整个宇宙中，太阳只是一个比较小的恒星。宇宙中体积最大的恒星有很多很多。而迄今发现的最大恒星，是大犬座的 VY 星，它比太阳大 10 亿倍，可谓超级巨星。

中子星是一颗质量是太阳 8 倍的恒星在塌缩过程中产生了巨大压力，使得它的原子核的外壳被压破，其中的质子和中子被挤出来，而质子和电子又结合成中子，最后所有中子挤在一起形成了中子星。

恒星中的小个子

在恒星世界当中，太阳的大小属中等，比太阳小的恒星也有很多。其中最突出的，当数白矮星和中子星。白矮星的直径只有几千千米，和地球差不多。而中子星就更小了，直径只有 20 千米。它们是恒星世界中的侏儒。

白矮星 BPM 37093

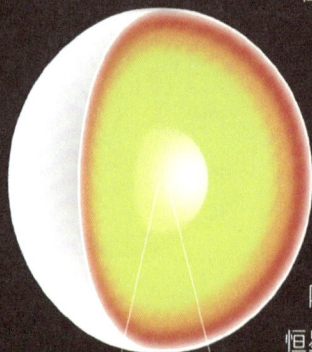

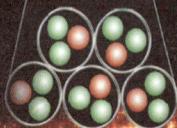

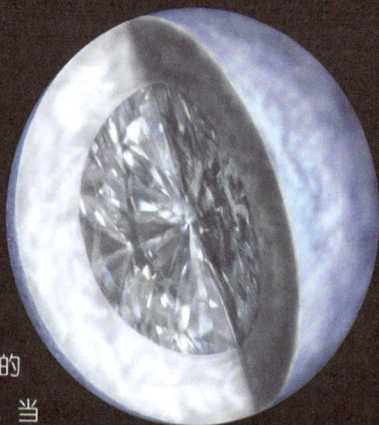

给恒星编"佳址"

其实，恒星也有住址，这就是它在宇宙中的赤经、赤纬，知道一颗恒星的这两个坐标，就可以在繁星满天的夜空中找到它。为了便于观测，天文学家把恒星在天上的方位和亮度记录下来，编成了星表。如今，天文学家编出的星表精度越来越高，星数也越来越多。

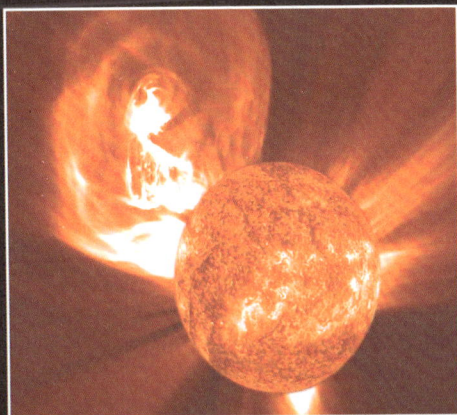

耀斑一旦出现，就说明太阳上正在经历一次惊天动地的大爆发

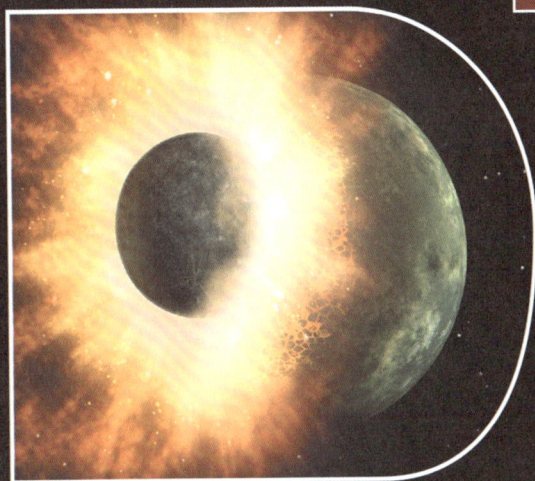

行星相撞

恒星如何毁掉行星？

在恒星死亡时，它会膨胀成为一颗红巨星，常常会使得围绕它的行星彼此相撞。比如，在我们的太阳系，彗星、小行星的撞击制造了气态巨行星木星上的"伤疤"，也可能导致了恐龙的灭绝。也就是说，一颗恒星在死亡时，周围的行星变得不稳定，它们出现碰撞，撞得只剩下行星核，想起来都可怕。

衰老的红巨星

恒星诞生之后，经过漫长的生命周期，最终会走向死亡。红巨星就是一颗已经进入晚年的恒星。大约再过 50 亿年，太阳到了晚年，身体也会渐渐膨胀，变成红色，体积比原来增大 100 倍，变成红巨星。

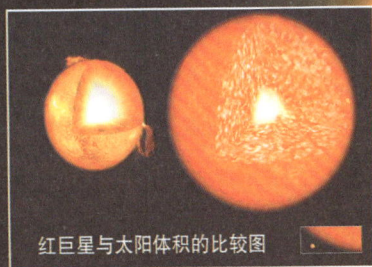

红巨星与太阳体积的比较图

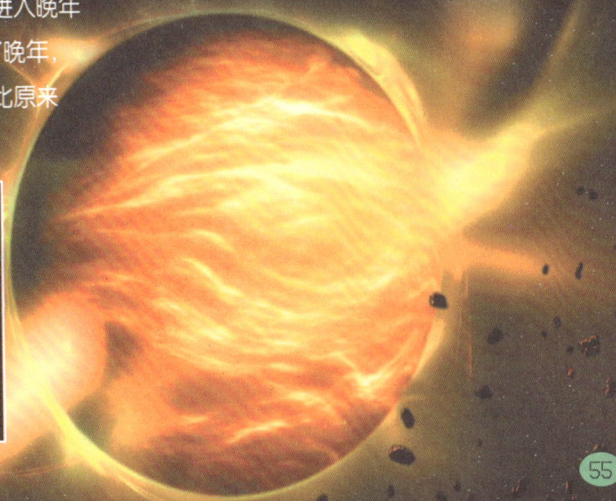

55

如果恒星也有尾巴会怎样?

奇思妙想

在浩瀚的太空中，我们知道只有彗星有尾巴。彗星的大尾巴，不是生来就有的，而是在接近太阳时，受到太阳风的吹袭才形成的。所以，彗星的尾巴总是背着太阳延伸开来。彗星就是这么和太阳套个近乎，然后急匆匆地离开。恒星是个燃烧的气体球，一般是没有尾巴的，那么，如果它们有尾巴会怎么样呢?

据探测，在距地球 350 光年的鲸鱼座，就有一颗拖着长尾巴的恒星米拉。米拉是一颗红巨星，已走到生命的尽头。它的运动速度非常快，高达每秒 130 千米，比一颗飞行的子弹快得多。在运动的同时，米拉不断地脱落其表层的物质。由于飞得太快了，这些脱落的物质便旋回到它的身后，形成了一条超级大尾巴。

它的体积在不断膨胀，个头已有 400 多个太阳那么大。与彗尾不同，米拉的尾巴是一条淡蓝色的物质流，由氧、碳、氮等元素组成，长达 13 光年，相当于数千个太阳系的长度。如果宇宙中的每颗恒星都像米拉这样，长了尾巴，成为"超级彗星"，那指不定要吓倒多少地球人呢。

天狼星小传

在冬季晴朗的夜晚，位于天空中的猎户星座，一颗全天最亮的恒星在那里放射着光芒，这就是天狼星。在恒星大家族中，它可谓是最奇怪的一颗星了，有一连串的谜团等着我们去发现。

我们的探险小组首先来到了尼罗河。

"请问你知道天狼星吗？"探险队员小利问道。

"当然知道。它可是我们这里掌管尼罗河的神。每当天狼星在日出前升起，新的一年就开始了。"当地的祭师们说，"这时尼罗河水开始泛滥，河水可以灌溉两岸大片良田。这是天狼星发出了警告，提醒人们要抓紧时间种稻谷了。"

"为什么天狼星能按时出现，并能预报尼罗河的汛情呢？"

"这是古埃及人的疑惑。地球在绕着太阳公转，天空中的星斗也在有规律地斗转星移，每年四季的星空都不同。每当天狼星粉墨登场的时候，春天降临了。随着雨季到来，尼罗河迅速上涨，汛期也就跟着来了。"

"还有什么奇闻轶事？"

"现在的天狼星，是一颗青白色的星。可是在2000多年前，史书上却说它是红色的。这究竟是记载错了，还是另有原因？"

"从恒星的演化规律可知，天狼星正处于中年，在2000年内不可能从红变白。天狼星的颜色之谜，至今也没有结论。"

不过，地球上有个地方和天狼星却有一些渊源。这就是世代居住在西非的多贡人，他们居然说自己是天狼星人的后裔。据说，在多贡人的图画和舞蹈中，都保留着"诺母"的传说。"诺母"是一种天狼星人，外貌奇特，像鱼又像人，是一种两栖生物，必须在水中生活。他们乘坐飞行器盘旋下降，发出巨大的响声并掀起大风，降落后在地面上划出深痕，并把天文知识传授给了多贡人。

在古代，天狼星系的飞船是否降临过地球？不得而知。

57

新星与超新星

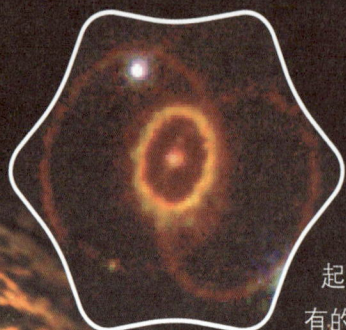

超新星 1987A
（简称 SN1987A）

晴朗的夜空中，到处都是闪烁的星星，多得数也数不清。

在宇宙中，有些星星原来很暗弱，但有时却突然亮起来，亮度一下增强了几千到几百万倍，这就是新星。而有的亮度一下子增强了一亿倍，甚至几亿倍，这就是超新星。之后，它们又渐渐暗淡下去。

古称"客星"

在古人的观星记录里，新星和超新星就像做客一样，因此送了一个"客星"的称号。如在《汉书·天文志》中记有："元光元年五月，客星见于房。"这是公元前134年出现的一颗新星，中外史书均有记载。

极其罕见

古往今来几千年，人类用肉眼看见的超新星屈指可数。实际上，这是一种由于老年的恒星发生爆发，从而使亮度一下子增加到原来的1000万倍以上，即恒星死亡时突然爆发变亮的天文现象，极其罕见。

恒久不变？

在古希腊时代，亚里士多德认为天上的世界是完美无瑕的，恒星都是恒久不变的，不但位置不变，连亮度也不会改变。直到丹麦天文学家第谷发现一颗星星后，才证实这个观点是错误的。

超新星遗迹

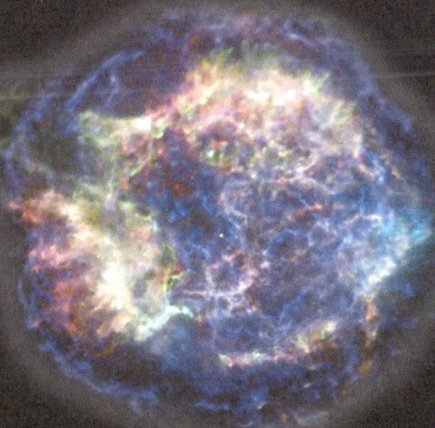

第谷超新星

第谷的发现

1572 年 11 月 11 日晚，第谷发现天顶附近的仙后座有一颗新星，实际上是超新星。直到 3 周后，这颗星才慢慢变暗。过去人们都以为这是空气中有东西燃烧发亮了，没有把它当作恒星考虑。

超新星爆炸

第谷

第谷超新星

第 谷 是 谁？1549 年 12 月 14 日，第谷出生在丹麦的一个贵族家庭，从小受到了良好的教育，后成为天文学家。第谷对新星、超新星的认识，打破了"天体不变"的信条，让当时的科学界大为震惊。后来，第谷就专门观测天象。而第谷发现的第一颗超新星，也被称为"第谷超新星"。

新星

天文现象

新星和超新星，亮度变化程度与过程不同，光谱也不一样，显示出不同的物理特征。可现在我们已经知道，新星或者超新星都是恒星演化末期发生的天文现象。只是新星爆发的规模较小，而超新星则是恒星爆炸的产物。

你能数得清天上的星星吗？

奇思妙想

如果要你去数天上的星星，你能数得清吗？准确地说，在无边无际的宇宙中，到底有多少天体呢？我们谁也不知道。那为什么有人说他能数清天上的星星有几颗呢？其实他所说的星星是指我们肉眼能看到的星星，并不是所有的星星。

原来，天上的星星虽然多，但我们能看见的却不多，大概只有3000多颗。要想数清楚这3000颗左右的星星并不困难，先把看得见的星星进行分区，再利用天文学上的星座来数星星，例如大熊座内的北斗星是由7颗星组成的。像这样慢慢数下去，3000多颗星星便能数清楚了。如果这时你以为天上只有3000多颗星星，那你就错了。因为那时你最多只能看到全天空的一半星星，而处在接近地平线和地平线以下的星星是看不见的，天文学家认为人类用肉眼能看到的星星大约有6000多颗。

也就是说，在另一半天空中至少还有3000多颗未被看到的星星没有数。为了把星星数得更清楚一点儿，有人提议用望远镜来看。可是这样一来，麻烦就更多了，原来肉眼看不见的星星，在望远镜里面又显现出来了，而且随着望远镜倍数的增加，看到的星星会越来越多，结果我们永远都无法把星星数清楚的。

太空旅行

不怕你们笑话，我个子不高，却有着一个远大的梦想——遨游宇宙世界，实现我的飞天梦想。

虽然理想和现实总是格格不入，但我却实现了梦想。

谁让我有个聪明的大脑呢？我在17岁的时候，就已经取得了美国耶鲁大学的学士学位，后来进入哈佛大学攻读工商管理，到25岁的时候，我已经在全球500强公司做高管了。

26岁的时候，我定下了去太空的目标，因为我已经攒够了钱。而且，一家太空私人公司已经有了这方面的业务。作为第二十个进入太空的旅客，我是年龄最小的，却是对太空最懂的。

我们一行有三个人，每人都穿着厚厚的宇航服，我们在飞船里享受着太空美景，心里乐滋滋的。只听一个声音说道："快看！"他随即指向我们不远处，有一颗非常亮的星星，一瞬间光芒四射，比金星还要明亮。

我被吓坏了，可他们叽叽喳喳地让我给他们解释。一时间，我的脑子里却找不到一句可以解释的词语，那一刻我感到十分羞愧。我这样一个骨灰级的太空粉丝，竟然被他们问住了，真是太没面子了。

有一个人说道："那不是超新星嘛！"我的记忆仿佛一下子被激活了。"作为宇宙中爆炸案的主要制造者，超新星有着不一般的身手。它是老年恒星辉煌的葬礼，同时又是新生恒星的推动者。也可以说，它重塑了宇宙中的星系，创造了新的不可思议的天体……"我开始滔滔不绝地讲了起来，他们听得面面相觑。回到地球后，我深有感触：对于宇宙来说，我永远都是个孩子。要学的知识无穷无尽。

一天黎明时分，东方天空中的天关星附近突然出现了一颗非常亮的星，以我的判断，我确信是超新星爆炸了，它一连亮了23天后才渐渐变暗，但是肉眼仍然清晰可辨。一直过了将近两年，它才消失在夜空中。

现在，我对宇宙充满了敬畏。

黑 洞

说它"黑"，是指它就像宇宙中的无底洞，任何物质一旦掉进去，"似乎"就再不能逃出来。由于黑洞中的光无法逃逸，所以我们无法直接观测到黑洞。然而，可以通过测量它对周围天体的作用和影响，来间接观测或推测到它的存在。

发现黑洞

1916 年，德国天文学家卡尔·史瓦西通过计算得到了爱因斯坦引力场方程的一个真空解。也就是说，如果将大量物质集中于空间一点，其周围会产生奇异的现象，即在质点周围存在一个界面——"视界"。一旦进入这个界面，即使光也无法逃脱。这种"不可思议的天体"被美国物理学家惠勒命名为"黑洞"。

黑洞中隐匿着巨大的引力场，这种引力大到可使任何东西，甚至连光都难逃黑洞的手掌心。

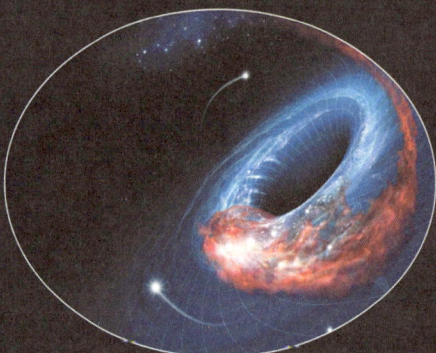

弯曲的空间

在我们的银河系中有上千亿颗恒星，每一颗恒星都要经历诞生、成长和死亡的过程。在死亡的恒星中，质量较大的将有可能变为黑洞。与别的天体相比，黑洞十分特殊。特殊到人们无法直接观察到它，物理学家也只能对它的内部结构提出各种猜想，而使得黑洞把自己隐藏起来的原因即是弯曲的空间。

黑洞不让任何其边界以内的事物被外界看见，我们无法通过光的反射来观察它，只能通过受其影响的周围物体来间接了解黑洞

吞食力惊人

目前，宇宙中已发现了上千万个黑洞。黑洞既不是星星，也不是黑黑的大窟窿，是有着巨大"吞食"力的天体。它有无比强大的引力，可以吞食任何东西，连光也不放过。可以说，黑洞就像是一个贪吃的超级"大嘴巴"。

可以说黑洞是宇宙超级无敌大胃王！它什么东西都"吃"，而且只要"吃"进肚子的坚决不会再吐出来，似乎永远都不会饱

黑洞的"肚子"有多大

既然黑洞这么贪吃,那么它的"肚子"到底有多大呢?这就要说到黑洞的质量了。在银河系中就有一个巨大的黑洞,它的质量比太阳要大十万倍。在黑洞"家族"中,还发现了一位"巨无霸",它的体积有一亿个太阳那么大。黑洞的个头一个比一个大,难怪这个"大嘴巴"要不停地吃东西吗。

独特的交响乐

黑洞周围有很多气体,这些气体常常会进行各种剧烈的运动,如互相挤压、被加热等,由此形成了多种类似音乐的声音。这些声音集合在一起,就合奏出一种人耳无法听到的、宇宙中独特的交响乐。

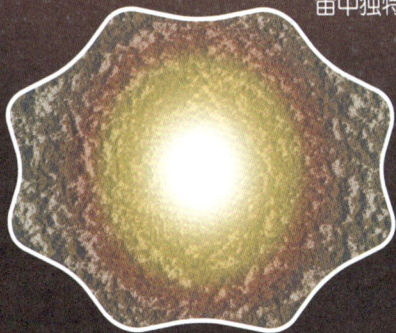

白洞

既然宇宙中有黑洞,那么一定存在"白洞"。科学家猜测,白洞和黑洞类似,但它不像黑洞那样把周围的物质吸进去,而是把它内部的物质和各种辐射向外"吐",它就像一个喷射物质和能量的源泉,为宇宙提供物质和能量。其实,到底有没有白洞,直到今天也没有确切的证据。白洞同黑洞一样,都是理论上推测出来的天体。

白洞可以说是时间呈现反转的黑洞,进入黑洞的物质,最后应会从白洞出来,出现在另外一个宇宙中

如果黑洞来临，地球将会怎么样？

奇思妙想

宇宙中的黑洞非常神秘，人们对黑洞的想象一直在继续。有人提出，宇宙本身就是一个黑洞。若真是这样，我们其实就生活在一个巨大的黑洞之中！这个黑洞的内部不但存在着结构，而且还很丰富多彩呢！

其实，黑洞善于隐身术，不让人直接看到它。但它会发出强大的吸引力，来影响附近的天体运行。这些天体在被吃掉的过程中，发出高温的同时还释放出大量的X射线。观测这些射线，便可发现与黑洞相关的一些蛛丝马迹。在恐怖科幻小说中，地球可能最终被黑洞所吞噬，一切生命瞬间化为灰烬。

这样的事情可能发生吗？如果黑洞来临，我们的地球会怎么样呢？这么说吧，如果一颗黑洞正在接近我们，首先的变化，就是我们的夜空会有所不同，行星和恒星的位置将会发生变化。随着黑洞的靠近，它对地球的干扰也就越大，最终就像科幻小说中所写的那样，要么地球飞出了轨道，脱离了太阳系；要么它向相反的方向运动，更加靠近太阳，导致地球的气温变得更热。无论出现哪种情况，黑洞都会撕裂地球，并将它吞噬下去……如果黑洞造访我们的太阳系，那将是一场大灾难，因为在黑洞与地球间的战斗中，地球将是输家。但我们不必担心，因为黑洞向我们飞来的可能性是微乎其微的。

贪吃鬼

宇宙茫茫,漆黑一片,一艘宇宙飞船犹如一叶小舟正在航行着。

突然,飞船上警报四起,杯子、笔等所有东西都转了起来,越转越快,它与外界的联系也中断了!大家都手足无措,不知道发生了什么事情。然而,这仅仅是噩梦的开始。受到某种力量的驱使,飞船开始扭曲起来,从某些方向上将它压扁,又从另外一些方向上将它拉长……

"什么情况?"担任飞船指令长的威士忌问道。

"黑洞?"其他队员猜测,此时大家都万分惊恐。黑洞不把飞船变成拉面,是不会善罢甘休的。

"正如草地中的沼泽一样,黑洞可以不露痕迹地吃掉任何东西,就连光也不会放过,是一个地地道道的贪吃鬼。"威士忌说道。

"我们能看到它们吗?"

"当然不能!怎样才能找到这些披着隐身衣的家伙呢?"

"黑洞是一种引力十分强大的天体,总会把周围的物质疯狂地掠夺过来。任何东西一旦被黑洞瞄上了,就别幻想还有重见天日的时候。"

"黑洞有多厉害?"又一个声音问。

"这么说吧,一个普通的黑洞所含的能量,可以开动10个大型的发电站,它的效率比地球上的核电站高出整整20倍。如果用作动力,相当于一辆小轿车仅用20升汽油就能跑10亿千米!"指令长威士忌回答道。

接着,他继续说道:"黑洞非常贪吃,它的体积大得惊人。据观测,我们银河系的中心就有一个巨大的黑洞,它的质量比太阳要大10万倍。在黑洞家族中,还发现一位巨无霸,它的肚子里能装得下1亿个太阳!谁面对这个数字时不会感到恐怖呢?黑洞的个头一个比一个大,难怪它总要狼吞虎咽、不停地吃东西呢!"可惜的是,黑洞从不考虑什么该吃,什么不能吃。

说着,他们看到一个大大的恒星被黑洞吸走了,所有人都屏住呼吸。也就是在那一秒钟,他们第一次见识了黑洞的威力。

"快离开这里!"指令长威士忌命令道。他们知道,自己不是黑洞的对手,一旦被黑洞发现,他们就会死无葬身之地了。

"好险!"好在他们侥幸逃过一劫,还活着。宇宙里每天都在上演黑洞的吸星大法,这并不奇怪,奇怪的是我们人类还没有感受到它的威胁。

太　阳

万物生长靠太阳。太阳是太阳系的中心，它每时每刻都在燃烧，其内部不断地发生着核反应，就像在不断爆发着数不清的原子弹一样，不断地释放出能量，产生光和热，可供给地球使用，使万物茂盛，人丁兴旺。

太阳

最大最亮的天体

太阳是太阳系中一颗非常普通的恒星。或许是因为它离我们较近，所以看上去是天空中最大最亮的天体。而其他恒星呢，离我们都非常遥远，即使是最近的恒星也比太阳远27万倍，看上去只是一个闪烁的光点。由于太阳很大且离我们很远，有1.5亿千米远，所以我们就不觉得那么热了。

日珥出现时，太阳大气中的色球层就会像燃烧的草原一样

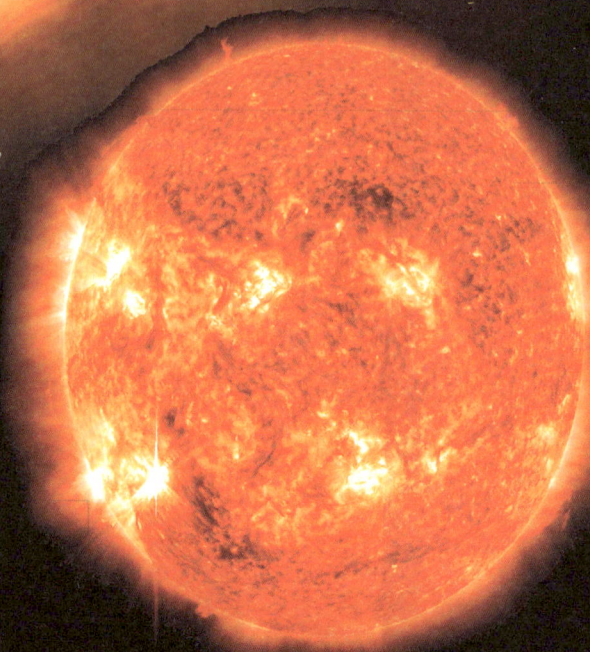

太阳是主宰太阳系的中心天体，太阳质量占太阳系总质量的99.8%，即便是比地球庞大得多的木星，跟它比起来也微不足道

太阳的温度

太阳表面如此高温，不要说飞船在那儿马上会被烧化，就是连灰也找不到。即使是不怕火的金子，到了太阳上只一眨眼的工夫就会被化为一团热乎乎的"金气"。科学家估计太阳的中心比表面还要热得多，可达1500万℃。看来，太阳这个耀眼的气体球真不敢让人恭维。

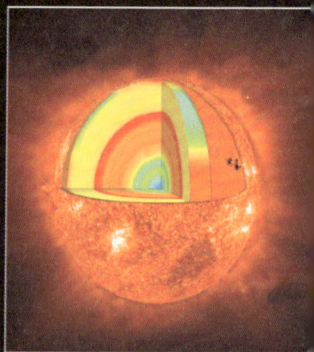

太阳光球层温度约是6 000℃核心的温度可达到1 500万℃

海王星　天王星　　土星　　　木星　　　　　　　　　火星　地球　金星　水星

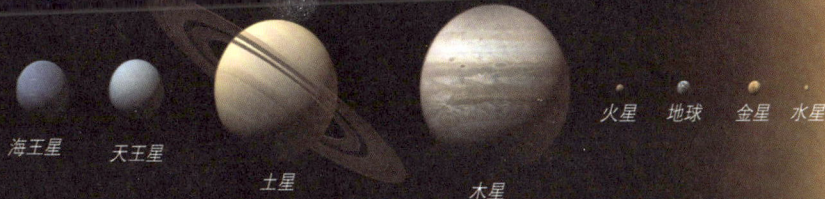

太阳是如何运动的？

太阳是太阳系的中心，太阳系中所有的天体都围绕太阳运行。太阳本身也在自西向东地自转，周期约为 25~35 天。太阳作为一颗恒星，还会在恒星间有自己固定的运动，即"太阳"的本动。此外，太阳会和其他恒星一起围绕着银河系的中心旋转，它的转速大约为每秒 274 千米。

太阳不但会自转，它还带着它的星球臣民们以每秒 250 千米的速度绕着银河系的中心旋转

太阳的大气层

色球层

光球层

太阳的大气层从内到外依次是光球、色球和日冕三层。光球层厚约 5000 千米，我们肉眼所见到的太阳光，几乎全是由光球发出的；色球的物质比光球薄很多，发出的光只能在日全食时才能被看到；日冕内的物质更加稀薄，很难看到它发出的光，有时候日冕内相对较稠密的部分，在日全食时也能被看到。

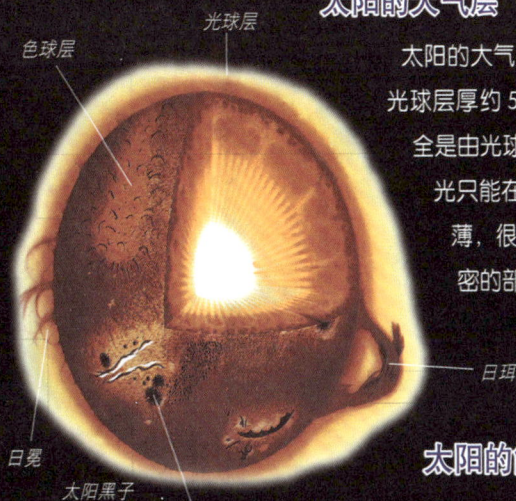

日珥

日冕

太阳黑子

太阳的能量有多大？

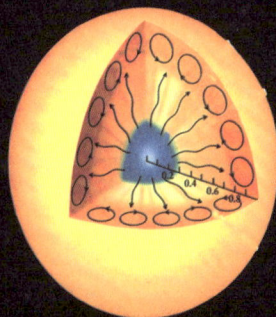

地球在一年内接受太阳辐射的能量相当于 58 亿亿千瓦的能量，地球上所有石油和煤的总能量也没有它的能量大。太阳的能量究竟有多大？有人做过这样的计算，如果将太阳发出的总能量都投射到地球上，那么地球获得的能量相当于在每平方千米的土地上每秒爆炸 180 颗百万吨级的氢弹。

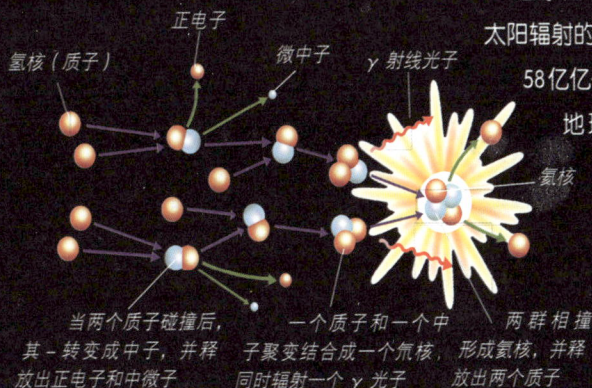

太阳内部的活动示意图

氢核（质子）

正电子

微中子

γ 射线光子

氦核

当两个质子碰撞后，其一转变成中子，并释放出正电子和中微子

一个质子和一个中子聚变结合成一个氘核，同时辐射一个 γ 光子

两群相撞，形成氦核，并释放出两个质子

太阳的核心不停地发生着氢核聚变，这种热核反应每秒烧掉 6 亿多吨氢核燃料，而太阳核心热核反应的副产品就是中微子

太阳黑子

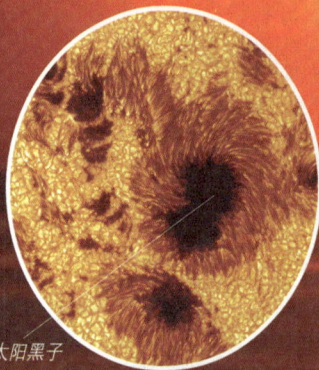

太阳黑子

太阳黑子是由中间较暗的核（本影）和围绕它的较亮部分（半影）构成的，形状就像一个浅碟

太阳黑子是太阳光球上一种炽热气体的巨大漩涡，由于发的光比较暗淡，远远看起来，它们像是一块块小黑斑。其实，黑子并不黑，黑子内的温度也有三四千摄氏度呢。如果把一个大黑子取出来，它发出的光比满月时要亮堂得多。别看是些小黑点，但它们也相当大，最大的黑子有 15 个地球那么大呢。

月亮

地球

太阳

太阳看起来和月亮一样大？

太阳的质量和体积都比月球大，可它看起来却和月球一样大，为什么？这与它到地球间的距离有关。虽然太阳很大，可它到地球的距离是月亮到地球距离的 400 倍。所以，站在地球上看到的太阳和月亮几乎一般大。但是，和其他恒星比起来，太阳就显得很大，因为它是距离地球最近的恒星。

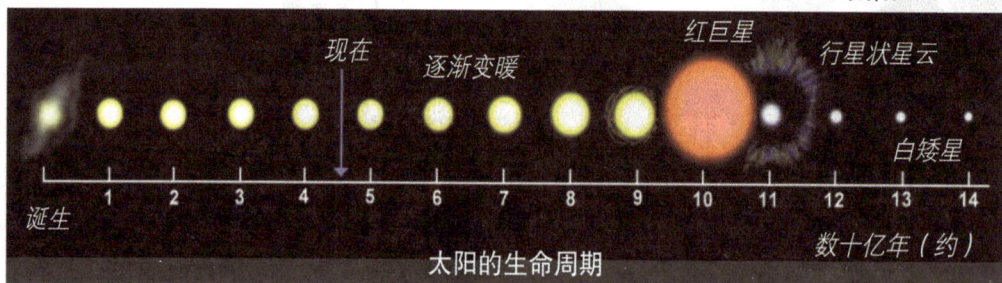

太阳的生命周期

诞生　1　2　3　4　5　6　7　8　9　10　11　12　13　14　数十亿年（约）

现在　逐渐变暖　红巨星　行星状星云　白矮星

太阳有 50 亿岁了

在浩瀚的宇宙中，太阳只是其中普通的一颗恒星。太阳作为太阳系的中心，地球上所有的生命物质都直接或间接地需要它提供光和热。如果没有太阳，地球上根本就不会有生命产生。

从诞生到现在，太阳已经有 50 亿年了，也就是说我们现在看到的太阳有 50 亿岁了，它正处在中年时期。

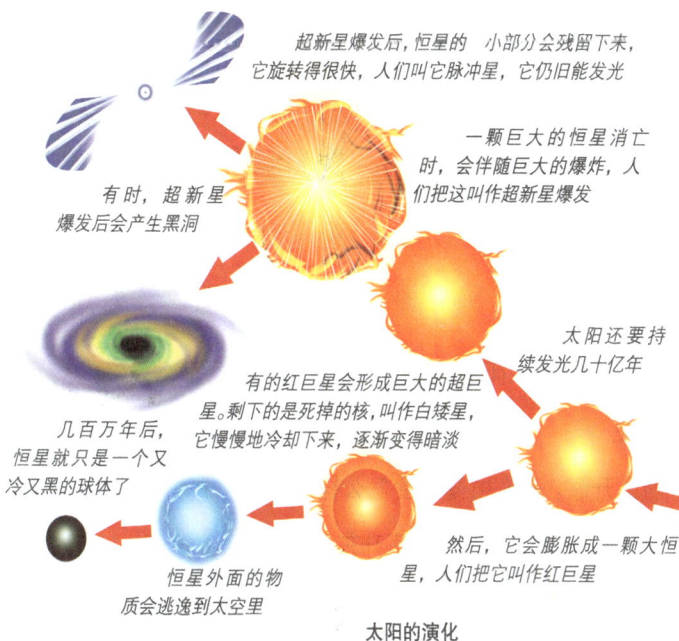

超新星爆发后，恒星的 小部分会残留下来，它旋转得很快，人们叫它脉冲星，它仍旧能发光

一颗巨大的恒星消亡时，会伴随巨大的爆炸，人们把这叫作超新星爆发

有时，超新星爆发后会产生黑洞

太阳还要持续发光几十亿年

有的红巨星会形成巨大的超巨星。剩下的是死掉的核，叫作白矮星，它慢慢地冷却下来，逐渐变得暗淡

几百万年后，恒星就只是一个又冷又黑的球体了

然后，它会膨胀成一颗大恒星，人们把它叫作红巨星

恒星外面的物质会逃逸到太空里

太阳的演化

太阳的晚年

就像人有生老病死的道理一样，我们的太阳也是这样。太阳刚刚形成时并不像现在这样稳定。当它进入稳定期后，发出的光和热可以持续100亿年之久，这期间占太阳一生的90%，天文学家称为"主序星"时期。再过50亿年，太阳度过这一生的黄金岁月以后，将会进入它的晚年。

太阳最后的归宿

太阳在晚年时已经耗尽了核心区的能源，开始慢慢膨胀，成为一个体积很大的火红的太阳，称为"红巨星"，这颗"红巨星"会放出更大的光和热，使其外层更加膨胀，连地球也会被吞没，成为一个体积超大的红色超巨星。红色超巨星继续变成白矮星，直至最后变成一颗不发光的死寂星球。

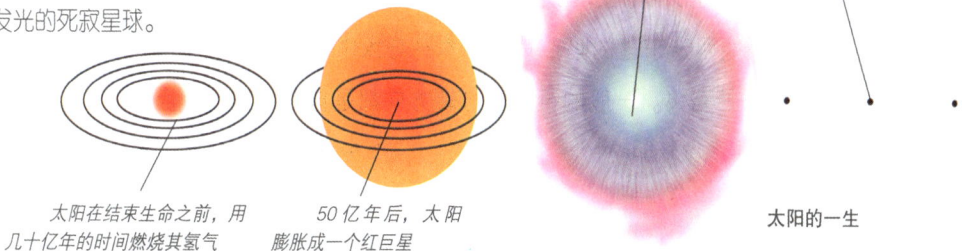

太阳在结束生命之前，用几十亿年的时间燃烧其氢气

50亿年后，太阳膨胀成一个红巨星

氦气耗尽后，太阳喷出其外层物质，形成一团行星状星云

行星状星云消散，太阳中心成为白矮星，再经过几十亿年，将冷却消失

太阳的一生

什么是白矮星?

白矮星是一种晚期的恒星，是在红巨星的中心形成的，体积小，但质量大。像太阳这般质量的星球，在其密度已变得非常高的中心部分只会收缩到一定程度，当温度升高到某种程度时，中心部分的火会渐渐消失。最后，太阳逐渐失去光芒，膨胀的外层部分将收缩，冷却成致密的白矮星。

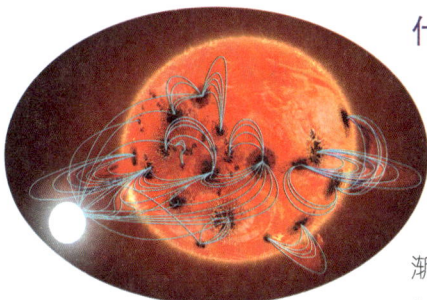

白矮星的磁场

如果太阳西升东落会怎样？

More

奇思妙想

太阳早晨从东方升起，傍晚从西边落下，昼夜更替，日复一日，年复一年，始终是这样，没有改变。如果有一天，太阳真的从西方升起，从东方落下会怎么样呢？这样，人类将面临重新调整生活规律以适应太阳西升东落所带来的一系列变化，自然界动植物也将面临着这一问题，其中可能会有一些简单的生命物质因不适应这一变化而濒临灭绝。

太阳难道真的会西升东落吗？我们的生活真的要发生巨大的变化吗？科学家会告诉你在地球上看到的太阳始终是东升西落，原因就是太阳的东升西落与地球的自转有关。由于地球的自转方向是自西向东的，所以我们看到太阳总是从东方升起逐渐向西方降落。地球自转是不会停的，因为它的角动量不会减到零。简单来说地球自转的方向不变，居住在地球上的人们看到的太阳就是东升西落。

难道太阳不能西升东落的吗？其实这本身与太阳没有关系，而是与天体的自转有关。一般的行星的自转方向都是自西向东的，而金星的自转方向却是由东向西的，它也是太阳系内唯一一颗逆向自转的大行星。所以，在金星上看到的太阳就是西升东落的。"太阳打西边出来"这个论点在地球上是不正确的，但在金星上却完全成立。

太阳公公的家庭会议

今天，太阳公公突发奇想，高调宣布要召开临时家庭会议，且所有成员都必须参加。这可难坏了有些大家伙，你想呀，他们都有自己的使命，既要绕太阳公转，吸取能量，还得自转。这可咋办啊？

"有了，我倒有个好主意。"最聪明的地球说道。

"你快说！快说！"火星火急火燎地说道。

当然了，火星旁边的木星、土星、天王星、海王星，都苦恼不已，一时间想不到好的办法。现在，地球兄弟说有好办法，这样他们既惊奇，又忧心忡忡，鬼知道是什么主意。

只听地球窃窃私语地说："我们可以来个传话版的会议。比如说，太阳老公公在最前面，他把要说的话告诉水星，水星告诉金星。金星呢，再告诉我。我呢，再告诉火星，以此类推。"接着，他又补充道："不过呢，还有一个重要的前提，就是我们必须排成一排。"大家听了，都很佩服地球。

"这真是个好办法！"天王星和海王星最高兴了，这可帮了他们大忙。要知道，天王星到太阳公公家要回一趟，不知道要何有28.69亿千米，海王星就更远了。来年何月啊！

"这真是个好办法。"即使离太阳公公最近的水星，也发出这样的感叹。因为他也有许许多多的工作要做，实在抽不开身。金星呢，是八大行星中行动最慢的，来回一遭也够呛。

大家商议后，一致通过了地球的提议。他们把这个想法告诉了太阳公公，太阳公公为他们的创意感到满意。

"眼看会议就要召开了，我们赶快分头行动，把自己调整到统一的轨道来。"地球说道，并加快了自己的速度。说完，大伙儿一个个或加快或减慢，一时间热闹极了，真够团结的。

"倒计时开始！"

"9、8、7、6、5、4……"还没有数到1，大伙儿已经整理好队列，等待着会议开始。连已经被开除出行星之列的冥王星，也按这个要求排好队。其实，这是太阳公公的安排。毕竟作为家族的一员，冥王星是那么荣耀地享受过整个家族的盛誉，今天算是列席会议。

一切很顺利。

水　星

太阳系八大行星的名字是人们起的，和其上面有些什么东西并没有关系。比如水星是八大行星之一，可水星上一滴水也没有。水星的外壳由多孔的土壤和岩石粉末组成，表面和月球表面极为相似，布满了大大小小的环形山。

水星

坑坑洼洼的表面

据探测资料表明，水星表面是坑坑洼洼的，布满了大小不一的环形山，饱经沧桑，样子有点像月球。其实，水星还真像月球呢，它们的个头差不多大。月球上没有水，水星上也滴水不存。在八大行星中，水星只比冥王星大一点儿，把18个水星糅合在一起，才抵得上一个地球的大小。

铁、镍和硅酸盐核

幔

硅酸盐的壳

水星的内部结构

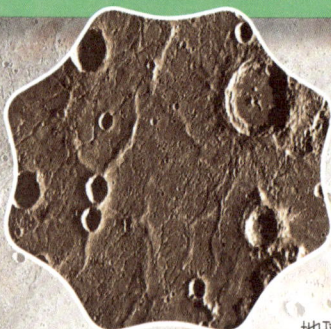

卡路里盆地

水星上没有水？

水星，顾名思义是一个有水的星球，可事实上水星上却没有水，这是为什么？因为水星上质量很小，只有地球的5.5%，它的直径也只有4880千米，它是太阳系八大行星中最小的一颗。因为水星的质量小，所以引力也很小，使它不能吸引住周围的大气，因而也不会有水蒸气，因此就没有水。

水星的内部

地球和水星同样都是太阳家族的成员，都是行星，级别上是平起平坐的，不会调皮地滑出自己轨道的。水星的内部很像地球，也分为壳、幔、核三层。它的中心有个铁质内核，比月球大得多。这个核球的主要成分是铁、镍和硅酸盐。按这样的结构看来，水星真是一座取之不尽、用之不竭的大铁矿。

水星南极附近的大陨石坑，这里的温度在 –220℃ 以下，所以有冰存在

水星上看日出

如果在水星上看日出，一年里能看到两次日出和两次日落。并且，太阳在天空中移动得慢极了，要耐着性子花上十几个小时。不过呢，要想到水星上去是不可能的，至少目前是不可能的。为什么这么说？是因为水星上的阳光很强烈，不要说人，就是一些熔点较低的金属也会被熔化。

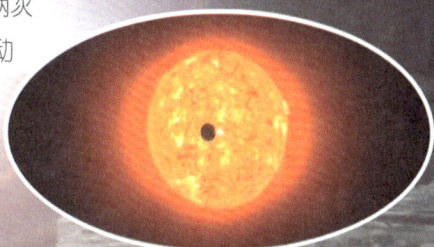
水星上一昼夜的时间，相当于地球上的 176 天

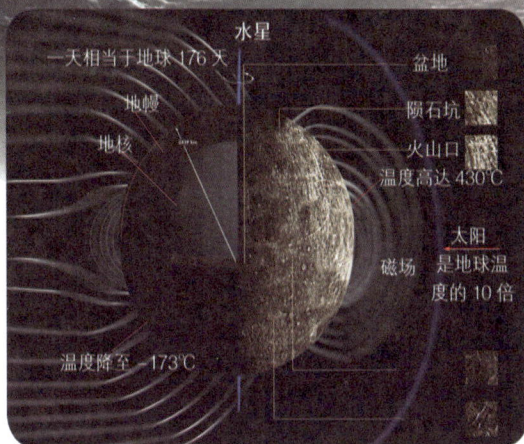
水星磁场

一天相当于地球 176 天
地幔
地核
盆地
陨石坑
火山口
温度高达 430℃
太阳是地球温度的 10 倍
磁场
温度降至 -173℃

水星上有生物吗？

很多人都在问一个问题，水星上有生物吗？水星表面温差很大，没有大气的调节，距离太阳又非常近，所以在太阳的烘烤下，向阳的一面晒得滚烫，温度高达 440℃，而背阳的一面却又冻得像没了知觉一样，温度可降到 -160℃，昼夜温差近 600℃。因此，水星上根本不可能有生物生存。

水星"大蜘蛛"

在水星的背面，有一处约 800 米高的高地，这个高地的周围有上百条裂纹向四面延伸。从空中看去，仿佛是一只张牙舞爪的大蜘蛛。据研究，"蜘蛛"的身体是堆积的火山喷发物，而"蜘蛛"的腿，也就是裂纹，则是水星上一些随处可见的山脉。其实，大蜘蛛这样的褶皱地貌在水星背面很常见。

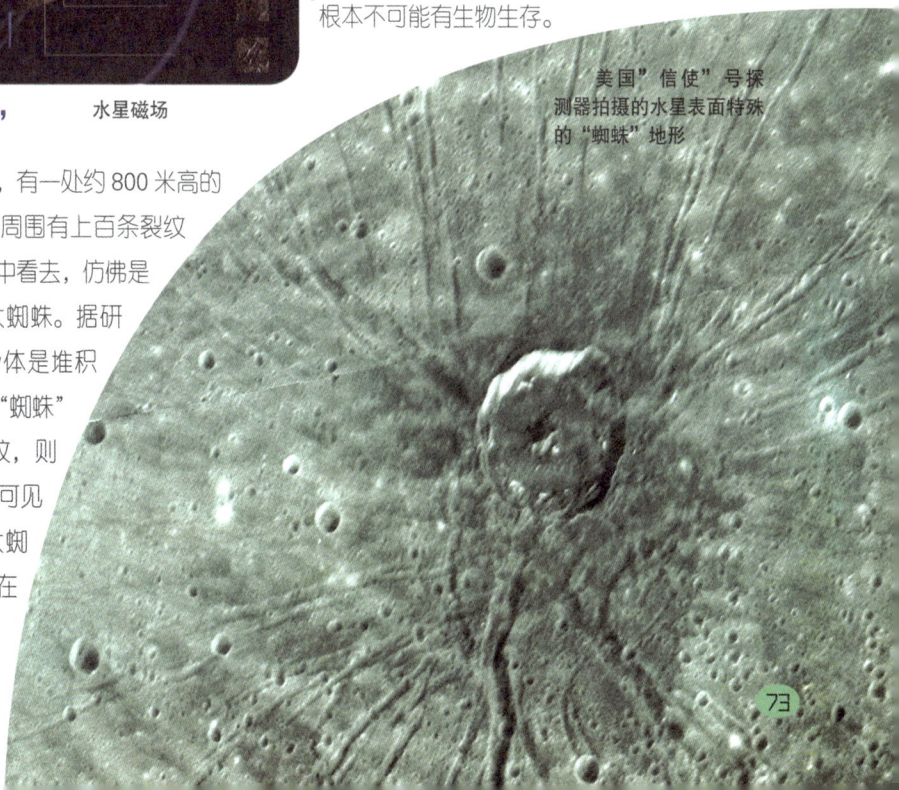
"美国""信使"号探测器拍摄的水星表面特殊的"蜘蛛"地形

如果让你在水星上过一年会怎样?

奇思妙想

水星是离太阳最近的行星，由于它与太阳的角度不超过28°，所以水星几乎被太阳的光辉所淹没，要想观测到它是很困难的。以至于古时候的西方人以为黄昏和黎明时出现的水星是两颗行星，长期以来，人们一直对神秘的水星充满了好奇。如果人类可以去水星定居，你能想象出在这颗神秘的星球上生活一年会怎么样吗?

尽管美国的"水手10号"飞船在1974年、1975年曾三次飞掠过水星，但是仅仅拍摄到水星45%的表面区域的照片，到现在为止，水星在人们心目中依旧是一个谜，而要想让人类在水星上居住一年就更不可能了。

既使人类有能力登上水星，也不会生存下来，因为水星是一个既没有水，也没有空气的星球，而且昼夜温差大得悬殊。

由于水星离太阳最近，而且它的上空没有大气层遮挡，所以水星上的阳光比地球上赤道的阳光还强6倍，最热时可达440℃，这样的高温下不要说人，就是有些金属也会被熔化的，而夜晚最冷时，温度只有-160℃。

人类在这样的环境下根本不能生存，更何况，水星上的一昼夜时间特别长，相当于地球上的176天。也许在水星上最大的好处就是可以观察太阳的日冕和色球了，因为太阳在水星天空中移动得很慢，看日出要花上十几小时。了解了水星，你还会有去水星居住的想法吗?

考察水星

俗话说：大人物有大人物的遗憾。这话一点儿不假。据说，天文学家哥白尼在临终前，有一大遗憾，就是没看过水星。原因很简单，水星距离太阳太近，两者几乎形影不离，它常常被猛烈的阳光淹没。

与哥白尼相比，我们要幸运得多。这不，即将开往水星的飞船马上就要起航了。"请各位队员做好准备。"队长说道。当然，这次水星之旅主要由飞船信信来完成。所有队员都是信信的保障成员。

"准备好了吗？"队长问道。

"准备好了。"信信回答道。

"出发！"队长一声令下。接着，火箭底部火光四射，在巨大的推力作用下，信信正式开启了它的水星之旅。

"看来，状态不错。"队长说道。

很快飞船就脱离了地球轨道，进入了茫茫宇宙。只见它张开了翅膀，正朝水星飞奔，离太阳越来越近。

"不好，前面有情况。"一个队员说道。

"请说得更具体一点儿。"队长说。

"前面的温度有点高，我怕信信扛不住。"那个队员回答。

"别急，按第二套方案进行。"队长指示。

"明白。"这第二套方案，是他们提前为信信打造了一套盔甲。这种盔甲由陶瓷和纤维复合材料制成，别看厚度只有6.4毫米，但作用可不小，能保证"信信"飞行期间中不了暑，可以说具有金刚不坏之身。同时，"信信"号还携带有一张矩形曲面屏，在整个飞行过程中将一直正对太阳，是名副其实的遮阳伞。两副行头双管齐下，相信炽热的太阳也奈"信信"不得。

经过漫长的三个月飞行，信信离水星越来越近。从空中俯瞰水星，荒凉的水星上赫然爬着一只"大蜘蛛"！"难道水星上真的存在生命？"在队长的帮助下，他们为飞船选择了一个合适的着陆地，安全降落。

"水星有着一张麻花脸。它的表面被流星撞得遍地是坑，布满了大大小小的环形山，那样子完全像个月球。"信信向总部报告。

接下来的几天，他们将详细考察水星，期待有大发现。

金 星

最初，人们设想在金星厚厚的大气层下，一定有个风光无限的热带世界，茂密的丛林遮天蔽日，湿漉漉的大地上水汽缭绕，奇花异草珍奇斗艳，巨蟒怪兽穿梭不绝，"金星人"则特别热情好客……这也难怪，因为金星总把真面目用厚厚的大气遮盖着，使得人们对它充满着各种美好的想象。

"伽利略"号木星探测器
在经过金星时拍摄的金星图片

太阳西边出

金星是个不合群的行星，它的自转有点儿与众不同。别人都是自西向东转，而它却是稀里糊涂地从东向西转。金星上看太阳，是西升东落，与地球上的日出正好相反。有趣的是，金星自转却特别慢，就像一位慢腾腾走路的老汉，转一个身要243天。金星上过完了一年（225天），却还没有过完一天，真是度日如年哪！

金星的自转

绝妙的烤炉

金星是个绝妙的烤炉，它480℃的大气表面温度能熔化很多物质。在金星上，一些低熔点的金属，如铅、锌等都耐不住高温而熔化为液体。如此恐怖的高温，正是二氧化碳的"功劳"。金星大气中绝大部分是二氧化碳，这使得金星吸收的热量远大于散发的热量。天长日久，金星表面的温度就变得很高了。

金星的大气含有大量的二氧化碳，所以温室效应严重，这就导致金星在八大行星中地表温度最高

橙黄色的天空

金星上没有蓝天、白云，那里的天是金黄色的，云也是金黄色的，甚至连山岩、石头也是金黄色的，可谓金黄的世界。这是因为金星的大气和云层太厚，吸收了太阳光中的蓝色部分，而反射了黄光的缘故。

金星世界

科学家们推测，大约 40 亿年前，金星上也曾有广阔的大海，波涛汹涌。但由于温室效应，金星上的温度越来越高，把海水全部蒸干。大气中的水汽多了，进一步让金星表面升温，这样恶性循环下去，金星的气候就失控了。现在，地球上也有温室效应，只不过远不如金星那么恐怖。

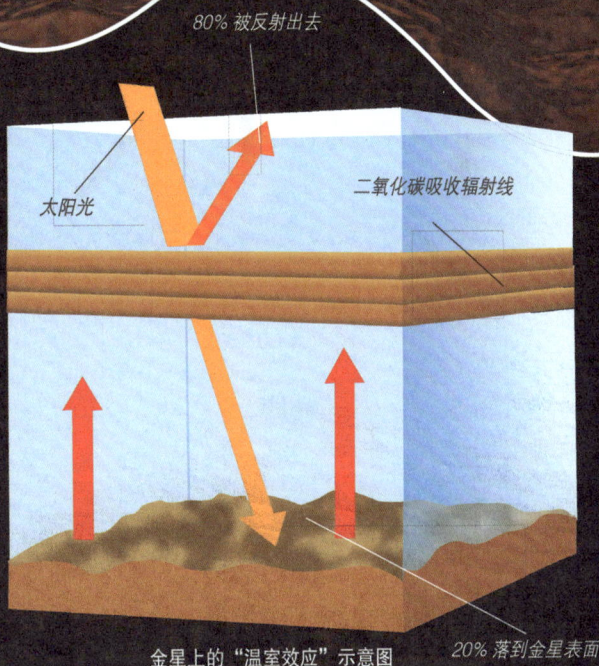

80% 被反射出去

太阳光

二氧化碳吸收辐射线

金星上的"温室效应"示意图

20% 落到金星表面

金星上火山喷发的情景（想象图）

遍地火山

金星是距离太阳第二近的行星，地球的近邻。金星，在中国被称为启明星、太白金星。金星上火山密布，除了几百个大型火山外，还有无数的小火山，没有人计算过它们的数量，估计总数超过 10 万个，甚至 100 万个。其中一些还是活火山，没准儿什么时候就爆发了！金星简直就是个"火山星"。

造访 "太白金星"

在电视剧《西游记》中，太白金星是一位鹤发童颜的老神仙，他长着长长的白胡子，一副仁慈的模样。可是在天空中挂着的那个金星，却是个地狱般的星球，那里到处都有火山爆发、狂风不止、温度奇高、闪电频繁！为了进一步看清金星的"嘴脸"，2005年11月9日，"金星快车"探测器搭乘着"联盟号"运载火箭升空。这也是近年来人类对金星为数不多的一次外交访问。

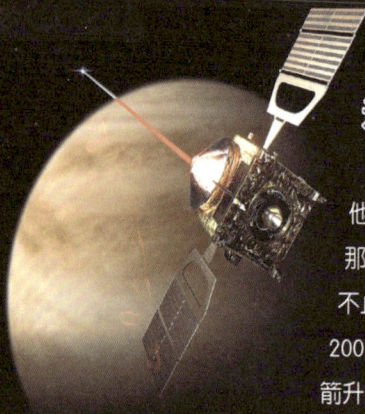

探测器正在探测金星

地球的姊妹星

在空间探测之前，人们认为，金星和地球很像是一对双胞胎姐妹，它们的大小、质量、密度相近，金星表面的丘陵高地、洼地、山区也很像地球大陆。富于幻想的人甚至认为，金星一定温暖潮湿，植物繁茂，比火星更适合于生命繁衍。根据探测，金星表面气温高达475℃，生物根本无法存活。

金星是太阳系中火山数量最多的行星，就算说金星表面火山密布都不夸张，在这样恶劣的环境中，生物很难存活

打开地狱之窗

虽然金星是地球的邻居，相比于月球和火星，金星上的环境只能用"地狱"两字形容。但是，只要人类愿意，在金星上空建造适合人类居住的殖民地，并不是一个"不可能的任务"。人类很早就有了殖民太阳系其他星球的想法，近到月球，远到火星、土星，现在还有人对金星动起了念头。

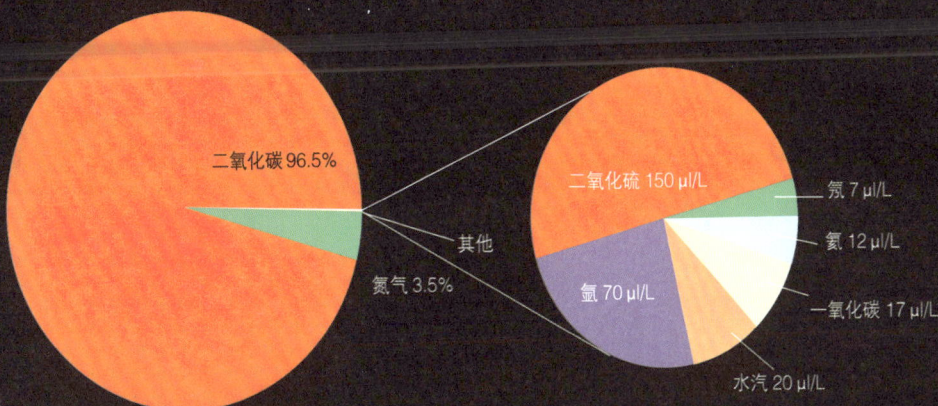

二氧化碳 96.5%

其他

氮气 3.5%

二氧化硫 150 μl/L

氖 7 μl/L

氩 12 μl/L

氩 70 μl/L

一氧化碳 17 μl/L

水汽 20 μl/L

金星表面气体成分含量示意图

未来的家园

虽然金星地表的环境不适宜人类生存，但它上空的温度和气压环境却与地球表面非常相似。未来，居住在金星太空城的人类殖民者，根本不需要穿戴太空增压服就可以像在地球上一样自在生活。金星大气层中还含有浓密的二氧化碳，只要人类在悬浮太空城中植树造林，种植蔬菜和植物，就可以利用它们的光合作用，为太空城提供足够的氧气。

"金星快车"

"麦哲伦号"探金星

1989 年，"麦哲伦号"探测器探访金星。经过一年多的飞行，"麦哲伦号"到达金星预定轨道，成为它的一颗人造卫星。在接下来的 4 年里，它绕金星转了几千圈，详细勘察了金星的全貌和地质构造，拍摄了大量清晰的照片和图像，首次绘制了完整的金星地图。后来，"麦哲伦号"在金星大气中烧毁。

麦哲伦雷达测绘到的金星表面

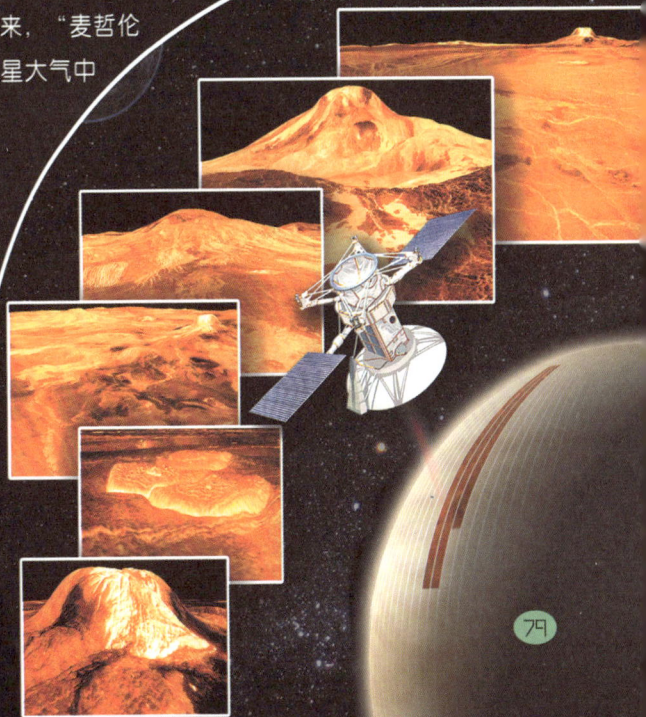

金星快车

"金星快车"长相普通，是一个立方体，体重 1270 千克，比前辈"麦哲伦号"轻得多，只是人家体重的三分之一，不过造价却高达 3 亿欧元。别看它也被称为快车，并不是说它跑得快，而是研制速度快。2006 年 4 月，"金星快车"开始环绕金星飞行，把金星各方面的情况都打听得清清楚楚。

如果你去金星旅行会怎样？

奇思妙想

金星是夜空中最亮的一颗星星，也是离地球最近的一颗行星。金星离地球最近时只有 400 万千米，按理说，我们应该对它很了解，但是这颗晶莹夺目的星球总是用它厚厚的面纱挡住我们的视线。所以，一直以来，人们对金星充满了好奇。如果有一天你去金星旅游，那层厚厚的云层会阻挡你的去路吗？

如果要到达金星，就一定会穿越它那厚厚的云层，所谓的云层其实就是一团蒸汽，它上面的温度高达 480℃，这样的高温足可以将铅熔化，金星是公认的太阳系中最热的星球。还有金星上没有绿洲，气压是地球上的 90 倍，所以到金星的旅行者既使没有被活活烧死，也会被压破肚皮。看来金星之旅是去不成了，不过我们发射的金星探测器还是会带来很多关于金星的信息的。

目前已经知道，金星上的大气主要是二氧化碳，而它的大气层中还有一层厚达 20~30 千米的浓云，这就是那层阻挡我们视线的浓雾，由浓硫酸雾滴组成的。二氧化碳和浓硫酸云层像一床厚厚的棉被包裹着金星，使得它表面的热量不能散发出去，日积月累，金星表面的温度就达到了 465~485℃。

在这样的高温下，生物根本不能存活，更何况金星的气压那么高，金属也会被压扁。金星并非人们想象得那样黑暗，拨开金星表面浓厚的大气，温度奇高、外表明亮的金星就出现了，它的表面布满了岩石，这些岩石跟地球上的玄武岩很相似。

金星人的荒诞生活

很多星球上都有智慧生命，他们一直在监视着地球。而且，地球上不同的种族也与不同星球的生命有着密不可分的关系。

"欢迎来到金星体验生活。"麦克礼貌地迎接我。

我叫葛小美，是地球人。这次，受金星人麦克的邀请，代表地球人来体验一下金星生活。而我的朋友麦克是金星上一座城的城主，负责整个城的管理工作。这次，因为我的特殊身份，麦克推掉了许多事务。当然，我带来了许多地球上的信息。我们互相交流，共谋发展。

晚上，我住在金星峡谷边上的星月酒店。酒店周边是风光无限的热带世界，茂密的丛林遮天蔽日，湿漉漉的大地上水汽缭绕，奇花异草争奇斗艳，巨蟒怪兽穿梭不绝。我打开了电视，正好是"金星电视台"天气预报："今日全球多座火山喷发，或有硫酸雨，建议最好别出门。"

啊，我原本打算好的出行计划只能暂时搁浅，那就睡觉吧！这个觉还真是漫长，比在地球上睡觉痛苦多了。原来是金星自球自转是自西向东转，而它却是稀里糊涂地从东向西转，真够奇葩的。在金星上看太阳，是西升东落，与地球上的日出正好相反。金星自转就像一位慢腾腾走路的老汉，转一个身要240多天，真是度日如年哪！

好在熬过了黑夜，白天可以好好游览此地风光了。我早早起来，收拾一番，准备来个极致体验。谁知没有蓝天、白云，天是橙黄色的，云也是橙黄色的，甚至连山岩、石头也是橙黄色的，可谓橙黄的世界。到处火山密布，除了几百个大型火山外，还有无数的小火山。我看着眼前的"金星人"，心里是说不出的滋味，平常都得忍受火山灰和硫酸雨的洗礼，日子过得并不安宁。

我火速结束了这次金星之旅，回到了地球。作为地球公民的一分子，我真的为我们居住在这样一个美丽的地球上而感到骄傲和幸福。

当然，我也没有忘记让我的朋友麦克来地球做客。我想有那么一天，他会对我说："成为地球人真好！"

地　球

当置身茫茫宇宙，宇航员从太空回望地球，全新的视角切换，让他们能从一幅更广阔的图景中重新认知地球和人类所处的位置：太阳不再出现在蓝色的天空中，而呈现的是黑色天幕上的一颗耀眼的星球；地球"缩小"成一个蓝色圆球，悬挂在太空中。

人造地球卫星上
拍摄到的地球照片

太阳系中的地球

太阳是宇宙中的一个恒星。在整个太阳系中，地球是围绕太阳运行的一颗行星。数不清的像太阳一样燃烧的恒星，组成了浩瀚的宇宙。对于地球来说，太阳已经非常大了，但相对于宇宙来说，太阳只是极其微小的点，地球就更小了。太阳光从遥远的太阳输出，源源不断地供给地球。

太阳系中的地球

生命之源

没有太阳，地球生命就无法存在。在地球形成早期，地球上还没有生命，它只是一个由云、气体和灰尘构成的大球。随着时间的推移，地球内部发生了变化，逐渐形成了包围地球的大气层，为生命产生创造了条件。

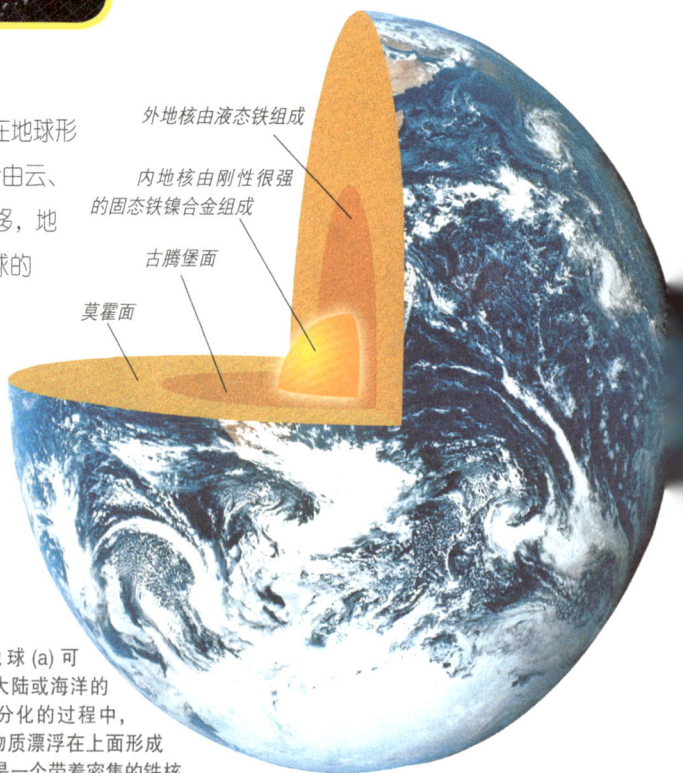

外地核由液态铁组成

内地核由刚性很强
的固态铁镍合金组成

古腾堡面

莫霍面

较轻的物质

铁

(a)

外核液态铁

固态铁镍核心

地壳

地幔

(b)

(c)

早期地球 (a) 可能是一种没有大陆或海洋的均匀混合物。在分化的过程中，铁下沉到中心，轻物质漂浮在上面形成地壳 (b)。因此，地球是一个带着密集的铁核、一层轻岩石和在它们之间的残余地幔的行星 (c)

地球的内部结构

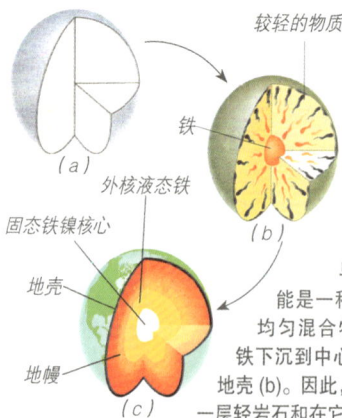

略拉长的球形

地球由于自转，使得地球上每一部分都在做圆周运动，在惯性离心力的作用下，低纬度地区受到的惯性离心力大，高纬度地区受到的惯性离心力小。赤道部分受到的惯性离心力则最大，远远大于两极。这样，由于惯性离心力的差别，使得地球由两极向赤道逐渐膨胀，成为目前略向两极拉长的旋转椭球的形状。

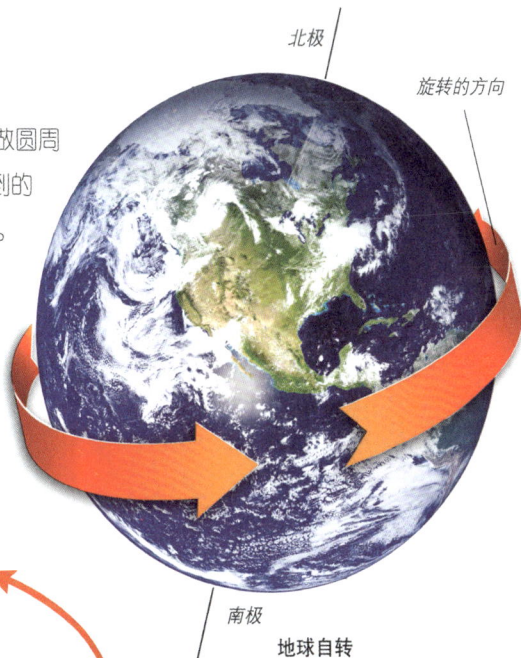

北极
旋转的方向
南极
地球自转

秋季 北极 南极

北极 冬季 南极

自转 北极 春季 南极

公转

北极 夏季 南极

变化的四季

地球除了要自我运动之外，还要围绕太阳做公转。由于公转的产生，也就产生了自然界的四季更替。地球公转的轨道是椭圆形的，太阳位于椭圆的中心焦点上。一年之内，太阳在南北回归线移动，每年的6月22日和12月22日，太阳有两次直射赤道。9月份，北半球是秋天，南半球是春天。

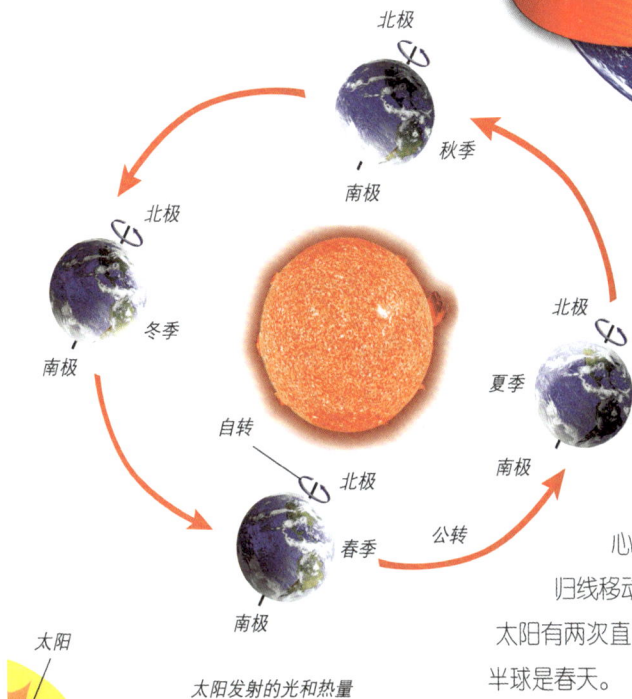

太阳
太阳发射的光和热量
被太阳照射的一面是白昼
昼夜示意图
太阳照射不到的一面是黑夜

昼夜长短

地球自转一周，白天与黑夜循环一次，形成一个昼夜，由于黄赤交角的存在，除了在赤道上的秋分、春分之外，各地的昼弧与夜弧都不等长，当夜弧大于昼弧时，则夜长昼短，反之亦然。随着地球的公转运动，晨昏圈一斜一正地变化，同纬度地区的昼弧和夜弧也跟着此消彼长，因此导致昼夜长短不断变化。

南北回归线

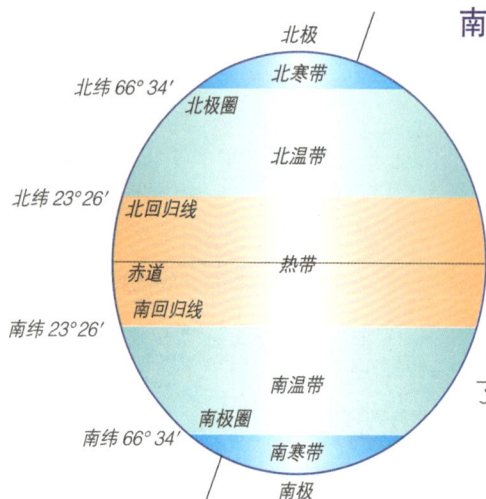

由于太阳高度和昼夜长短跟纬度变化的关系，人们将地球表面有共同特点的地区，按纬度划分为五个热量带，也就是热带、南温带、北温带、南寒带、北寒带。以赤道为界，赤道以北为北半球，赤道以南为南半球。南、北回归线分别位于南纬23°26′和北纬23°26′，是热带和温带的分界线。太阳直射点在南、北回归线之间往返一次是一年，同时也产生了春夏秋冬的季节变化。

极昼和极夜

在南、北极圈内，每年都有极昼和极夜现象。当太阳直射北半球时，极昼出现在北极地区，极夜出现在南极地区；当太阳直射南半球时则反之。南北极点都有半年的极昼与极夜现象，所以科学家考察南极的时候，都会选择在极昼时间段内进行。

夏至（6月21日）

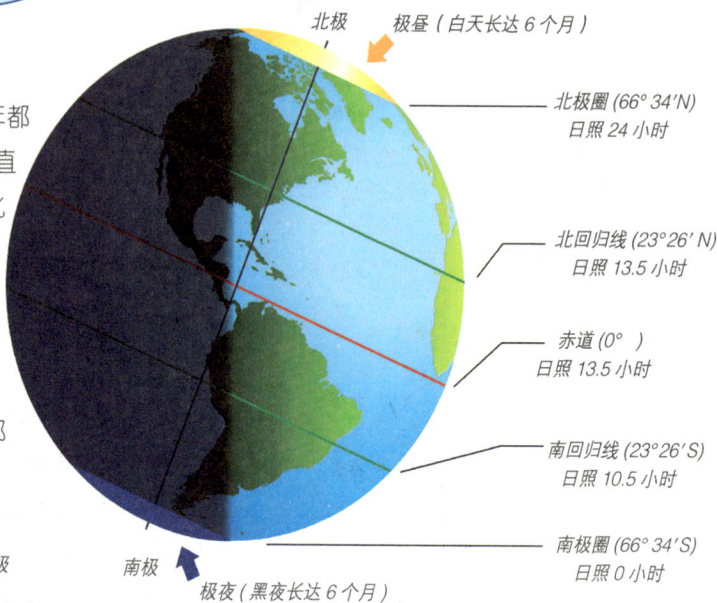

北极

极昼（白天长达6个月）

北极圈 (66°34′N)
日照24小时

北回归线 (23°26′N)
日照13.5小时

赤道 (0°)
日照13.5小时

南回归线 (23°26′S)
日照10.5小时

南极圈 (66°34′S)
日照0小时

南极

极夜（黑夜长达6个月）

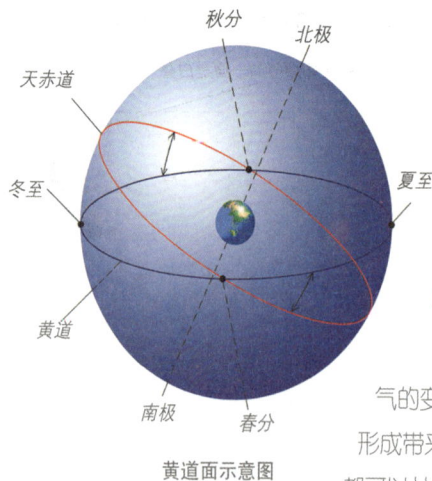

黄道面示意图

农历的来源

我国的农历就是根据变化的四季，由古代劳动人民观察天气的变换规律总结出来的。历法应该属于早期的人类文明。它的形成带来了农业生产的便利，什么时候该种植，什么时候该收获，都可以从农业历法上找到对应的时节。

春　　　夏　　　秋　　　冬

站在地球表面的人就像一只小蚂蚁

大地是平的？

地球实在太大了，16世纪的葡萄牙航海家麦哲伦乘船绕地球一周，走了3年，我们人类站在地球的表面上，就像一只小蚂蚁站在一片田野中，能看到的范围很小。我们的肉眼只能看到10千米内，而这个范围只不过是地球一周（赤道）的四千分之一，当然感觉不到所看到的地面是圆弧状的了。

世界地图

潮汐是怎么回事？

海水潮起潮落，永恒不止。地球上的潮汐主要是由月亮引起的，其次就是太阳。潮汐只是海水表面的变化，同海底几乎不发生摩擦，但在靠近大陆边缘的浅海区，潮汐却可以同浅海海底发生剧烈的摩擦，由此产生一定的摩擦力，这能够阻止地球的自转，久而久之就会使地球的自转速度变慢。

潮汐

地球的归宿

未来总有一天，太阳会冷却下来，地球也会缓慢地冷却下来。越来越多的水将冻结起来，最后，就连赤道地区都会缺少足以维持生命的热量了。整个海洋将冻结成一块坚冰，空气也会液化，随后还会冻结成固体。不过，这时的地球并不会毁灭，还会绕着死去的太阳运转数不清的年头。

除了地球，别的星球会有人类吗？

奇思妙想

茫茫宇宙中有数以千万计的星球，人类为何偏偏选择地球作为他们的栖息场所呢？这是一种机缘巧合还是人类在众多星球中选择的结果？不论怎样，现在，地球是人类唯一的家园，宇宙中再没有第二个地球。但是，你想过吗：如果没有地球，人类会不会在其他星球上诞生呢？在别的星球上生存下来的我们也许会成为另外的物种，比如说更耐高温和严寒。真是很难想象出这一物种长什么模样，也许和我们眼中的外星人很相似吧！

然而，地球是确确实实存在的，我们的假设根本不成立，所以我们要探讨的问题不是没有地球会怎么样，而是要弄清楚在茫茫宇宙中人类为什么会在地球上诞生。表面上看地球和其他星球没什么差别，实际上地球具备了生命生存所需的基本条件，如空气、水、适宜的温度等，这些在其他星球都没有。

现在以水为例，液态水是生命生存的主要物质，毫不夸张地说，没有水就没有生命。水在 0 ~ 100℃时是液态，高于或低于这一范围，就会相应变成气态或固态，由于地球与太阳的距离适中，地球的气温恰好是在这个范围之内，于是地球上的水就以我们经常见到的液态方式存在。而地球旁边的金星由于距太阳较近，表面平均温度高达 500℃，水在这样的高温下早化作气体分子跑掉了，而它另一边的火星因距离太阳较远，表面平均温度只有 -40℃，即使有水，也是以固态冰的形式存在。其他星球也是一样。

所以说，在太阳系乃至整个宇宙几乎找不到一颗能与地球相比较的星球，于是地球凭借自己得天独厚的优势造就了人类等生命体。

寻找第二个地球

有没有想过，地球要是突然遭到毁灭会怎样呢？到时候，我们周围的动物、植物、城市建筑，所有的一切都不在了，这样的情景真的会出现吗？其实，和所有事物一样，地球总有一天是要消亡的，只是还需要很长的时间。

人类何去何从？在这样漫长的时间里，人类总能找到一颗适于自己居住的行星，也能制造出星际间来往的交通工具，因为人类的智慧是无穷的。不是吗？这不，地球联盟就把这个新任务交给了库克，任命他为寻找第二个地球的探险小组组长。这是个伟大而艰险的任务，艰难且充满挑战。

"事不宜迟，即刻开始。"联盟总长命令道。

"保证完成任务。"虽然库克嘴上这么说，可他深知任务的难度。不过呢，既然总长选择了他，就说明没有谁更能胜任。

"在地球消失之前，我一定要找到生存的另一个天体。可是在地球之外，它在哪里呢？"库克思索着，要想找虑到它必须像现在的地球一样，能从具备生命存活的自然条件。通过观测，颗行星，它们都在围绕着恒星运转。一颗适合人类呢？库克决定从这些行星开

适合我们人类浩瀚广阔的宇宙中，到第二个地球，就要考恒星那里获得适当的热量，他发现在太阳系外有100多那么，这么多颗行星上有没有始。

根据库克最新报告，他和自己所在的小组发现了一颗与地球十分相似的"超级地球"，质量大约是地球的七倍，围绕着太阳附近的一颗恒星转动，距离太阳大概有39光年。它的组成成分很有可能是岩石，这种岩石行星比蓬松的气态行星更适合生命的存活。还有一个优点是，它表面的平均温度与地球很接近，也就是说有存在液态水的可能，而液态水正是地球形成生命的前提。

接下来，他们决定去造访这颗行星，希望它能成为第二个地球。他们登上光速飞船，看了一眼地球，按下了发射键……

月球

月　球

"人有悲欢离合，月有阴晴圆缺。"这里的月，说的就是月亮。月亮，是我们最熟悉不过的了。关于月亮，你能说出一些什么呢？月亮是我们地球唯一的卫星，也是距我们人类最近的天体，它绕着地球转，同时也绕着太阳转。从地球上看，月亮每天东升西落，有月缺月满的月相变化……

月亮的脸在变

月亮的脸不总是一样的，有时是圆的，有时是半圆，有时又像一把弯刀。其实，月亮变脸和月相有直接关系。简单地说，月相是月球不停地绕地球公转，它和地球、太阳的相对位置总在不断变化，这样，月球明亮的部分也在不断变化，形成了不同的月相。

月球的亮度随日、月间距离和地、月间距离的改变而变化，所以我们从地球上会看到不同的月相

十五的月亮十六圆

每月农历初一，月亮处在地球和太阳中间，叫作"新月"，也叫"朔"。这时，月亮对着太阳反射太阳光，而把暗半球朝向地球，我们就看不到月亮了。到了初七、初八看到的是半个月亮，凸边向西，叫作"上弦月"。上弦月过后，月球亮的一面全部向着地球，称为"满月"。

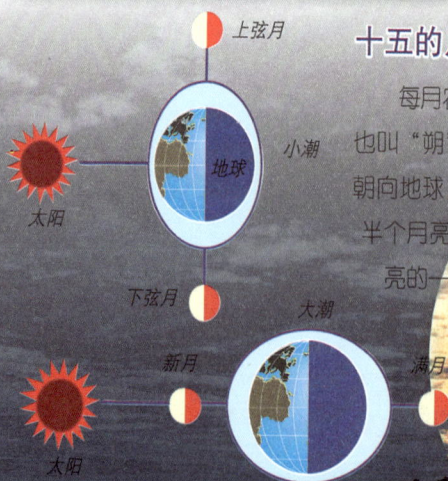

上弦月
小潮
地球
太阳
下弦月
大潮
新月
满月
太阳

诱人的月背

月亮的背面和正面一样，有平原、山地，也有环形山。不过，背面的山地比正面多，但大多没有正面的大，月海也比较少。月背地形凹凸不平，有许多巨大的同心圆地形构造，很有特色。最典型的月背地形当数东海，直径约900千米，由三大同心环壁包围，是月球上最年轻的大盆地之一。

月球的背面

北极
莫斯科海
东海
睿智海
南极

月球运动示意图：月球在自转的同时绕地球公转，而且还跟地球一起绕太阳转

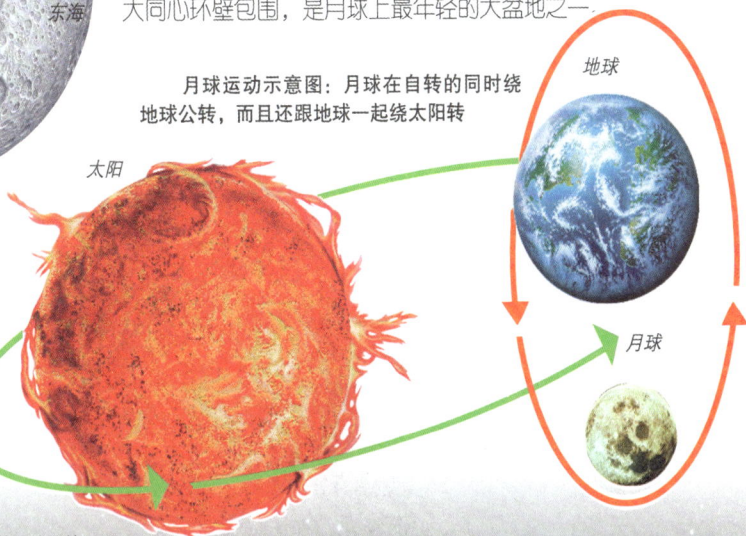

太阳　地球　月球

椭圆形轨道

月球的轨道并不是圆形的，而是椭圆形的，当它接近地球时，距离地球约36万千米，远离地球时，距离地球约40万千米。平常所说的38万千米，是地月间的平均距离。正因为是椭圆形的轨道，也才会有日全食和日环食的差别。

日全食　　日环食

你走月亮走

常言道：月亮走，我也走。走在月光下，远处的景物隐隐约约看不清，而挂在天上的月亮最为引人注目。我们往往走一段路，会抬头看看月亮，总感到月亮依然在头顶，所以认为月亮跟人走。其实，月亮是不会跟人走的，要不，你觉得月亮跟你走，他觉得月亮跟他走，那么月亮到底在跟谁走呢？

月海

迄今为止，已知的月海有 22 个，绝大多数分布在月球正面。最大的一个月海是"风暴洋"，面积约为 228 万平方千米。过去，人类并不了解月球真面目，凭推测认为月球表面和地球一样，就给它起了"月海"这样名不副实的名字。

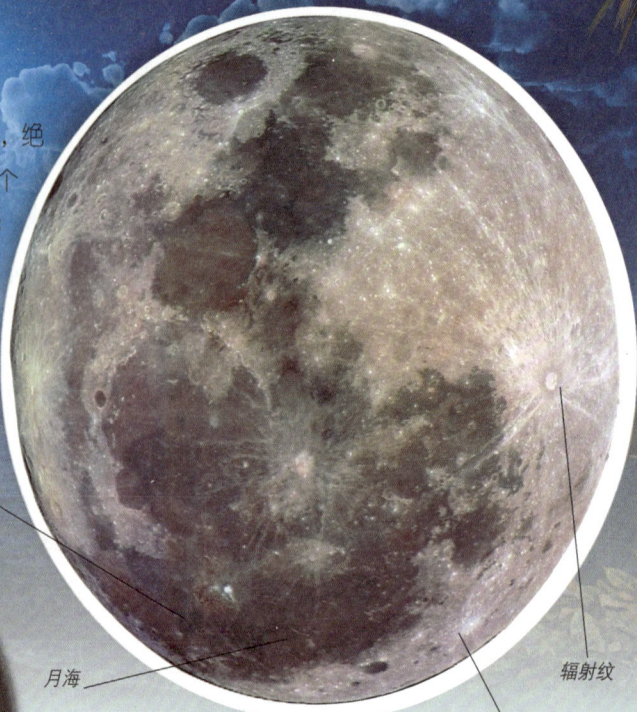

地球大气层

月球

风暴洋

月海

辐射纹

月陆

月亮掉不下来

从地球去月亮有多远？大约相当于绕地球赤道转 10 圈的距离。那么，挂在天上的月亮会掉下来吗？当然不会。月亮在大气层外很远的地方，那里根本没有空气，不存在碰撞和摩擦，所以，月球绕地球运行的速度不会减慢，也就不会掉下来。

不简单的月尘

月球尘埃

月球尘埃却是一种灰黑色的粉末。要是借助高倍显微镜，可以看到它的组成，有一半物质是二氧化硅，另外一半则由包括铝、镁和铁在内的 12 种金属的氧化物组成。当真是一粒尘埃一世界啊！

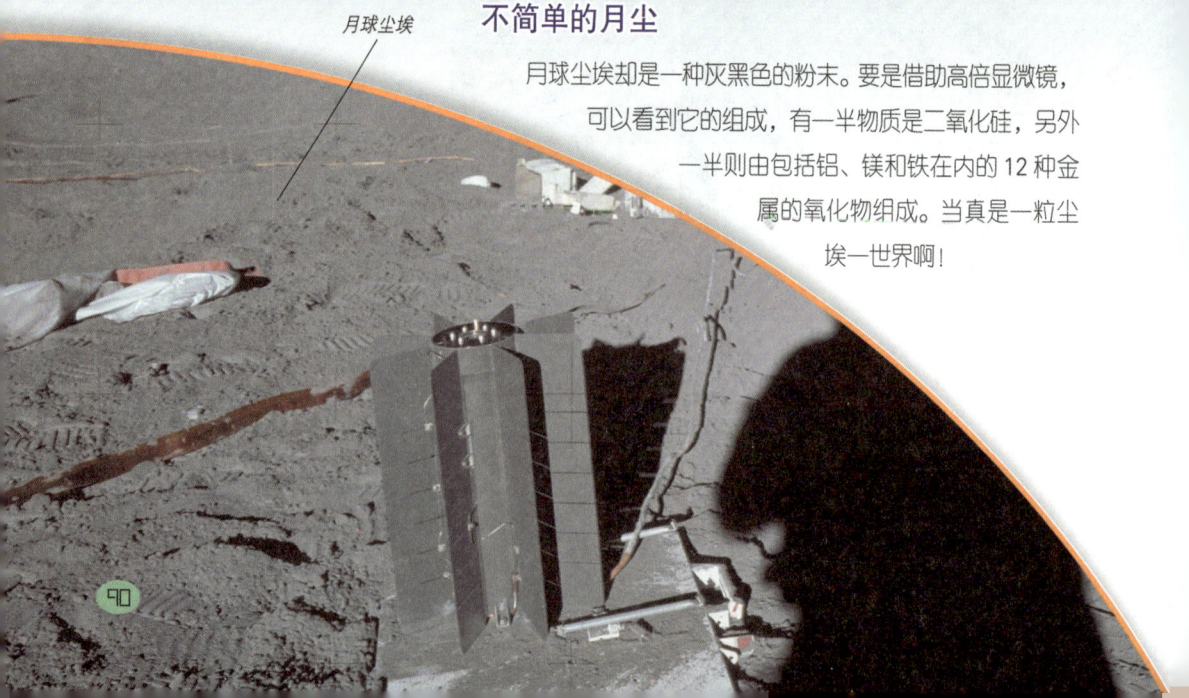

月球"住"着中国科学家

月球背面的环形山，是以著名科学家的名字命名的，其中有幸入选的我国科学家有石申、张衡、祖冲之、郭守敬和万户等，他们都"住"在月球赤道附近的环形山里。万户一直梦想着飞天，在实验中被炸得粉碎。

北极
张衡
祖冲之
门捷列夫
科罗廖夫
加加林
阿波罗
南极

月球的背面

贝利环形山

最大环形山

月球环形山大小不一，有的直径不足10千米，有的仅一个足球场大小。最大的环形山，是南极附近的贝利环形山，比我国海南岛还大一点。最深的环形山是牛顿环形山，深达8788米。

牛顿环形山

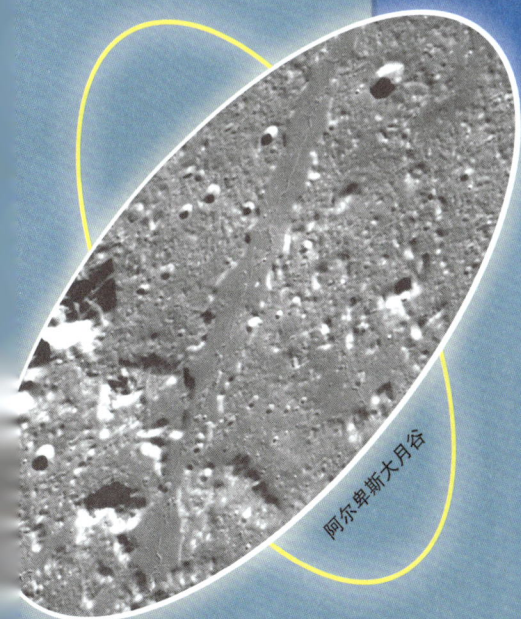

阿尔卑斯大月谷

最著名的月谷

著名的阿尔卑斯大月谷在月球冷海的东南。它长130千米，宽10千米，从拍摄的月球照片上可以看出，它从柏拉图环形山东南一直穿过平坦的雨海和冷海，并把月面上的阿尔卑斯山脉给拦腰截断，很是壮观。

如果让你在月亮上跳高会怎样？

奇思妙想

我们都知道，在运动会田径赛场上，通常都有一个项目是跳高，运动员的一般跳高成绩是 2 米多。现在最高的纪录是 2.45 米，是古巴人索托马约尔 1993 年创造的。而普通人也就能跳 1 米多高。如果我们到月球上去跳高，我们能跳得更高吗？

答案是肯定的，在月球上我们会跳得更高。众所周知，月球比地球要小得多，体积是地球的 1/49，质量约为地球的 1/81，因此在月球上的重力要比地球上小得多。也就是说，同样一个物体在月球上比地球上轻得多，并且月球上的引力仅为地球的 1/6。所以一个跳高运动员如果按照他在地球上跳高时那样的力量起跳的话，会跳起十几米高，可以超过世界纪录的 5 倍！

人们在地球上跳高的时候，跳起来往往很快就落下来。实际上，在月球上物体下落的速度是很慢的，好像电影中的慢镜头一样，比如从 20 米高的地方抛下来一块小石子，在地球上 2 秒会落到地面上，而落到月球表面却需要 5 秒。

如果在月亮上跳起来，落下来的时候就像是飘下来一样，是不会摔得很痛的。要是你有机会到月球上去的话，凭借你现在的力量到月球上起跳，你一定会过一次跳高瘾！

小老鼠比克

月儿如钩，淡淡的清辉一泻千里。

绕过丛林上空缠绕着的枝杈，一片乳白色的光影，正好照在了小老鼠比克的家门口。小老鼠比克可不是一只普通的老鼠，他一会儿想当船长，一会儿想当森林之王，一会儿又要登上月球。

总之，在他5岁前，比克已经把地球上最能畅想的事情都说了个遍。但第二天当爸爸再问他时，他总是说："我说过吗？"梦想在他这里只是一个逗号，只负责开始，不负责结果。

其实，在爸爸妈妈眼里，比克真的是一个聪明的小老鼠。于是，他们想了一个办法，就是给比克买书让他读。因为比克的梦想和月亮有关，爸爸妈妈就给他买了许许多多有关月亮的书，书里讲了许多月亮上的奇闻轶事。也是在这些书中，比克对月亮有了更深的了解。森林中最喜欢讲月球的是猫头鹰。

有一次，猫头鹰又开始他的讲演了，他一本正经地说："月球上的湖泊中有类似犀牛的巨兽，树林中有唱着优美歌曲的小鸟，还有长着大象牙的绵羊，海里有十分聪明的海獭，议。"

不料，这话被刚刚从旁边经过的凑过来，和大家说道："大家不要相骗人的鬼话。其实啊，这月球跟我们荒凉。我告诉你们……"

他说起来没完没了，却让猫头鹰很嘲笑比克："听说，你要去月亮上当大王？比克忙解释道："这是我的梦想，你不要嘲

简直不可思

比克听见了，他马上信猫头鹰说的，这些都是的地球有点相似，但是无比

难堪。猫头鹰很生气，就开始真是白日做梦。"此刻，小老鼠笑我，我一定能实现的。"

过了不久，比克看到一则启事，宇宙学校正在招募下一任遮月亮的人。比克第一次得知，我们每天能看到月亮的大小变化，原来是有人在默默地做遮挡工作啊。他高兴坏了，不由得喊道："月亮，我来了。"他兴奋地报了名。

在宇宙学校，比克学习认真、耐心，还能吃苦。经过近一年的学习，比克终于成为新一任遮月亮的人。现在，你看到月亮的变化了吗？那是比克正在工作呢，他只有在十五月圆之夜才能休息一会儿。

虽然很辛苦，但比克乐此不疲。

火 星

火星

从地球上看去，火星是火红色的，看起来似乎有点儿怪吓人的。于是，古人将火星称为"荧惑"，意思是说火星忽明忽暗，且行踪不定，令人难以捉摸。当然，也有人称它为"惑星""灾难星"等，表示大凶之兆，不太受人欢迎。现在我们知道，这都是因为他们对火星了解较少的缘故。火星上没有火，那红色是从哪里来的呢？

忽明忽暗

为什么火星会忽明忽暗呢？要知道在太阳系中，火星的亮度仅次于木星和金星，因此在夜空中用肉眼看去，显得格外明亮。火星的平均直径为6794千米，相当于地球直径的一半，但比月球的直径要大一倍。

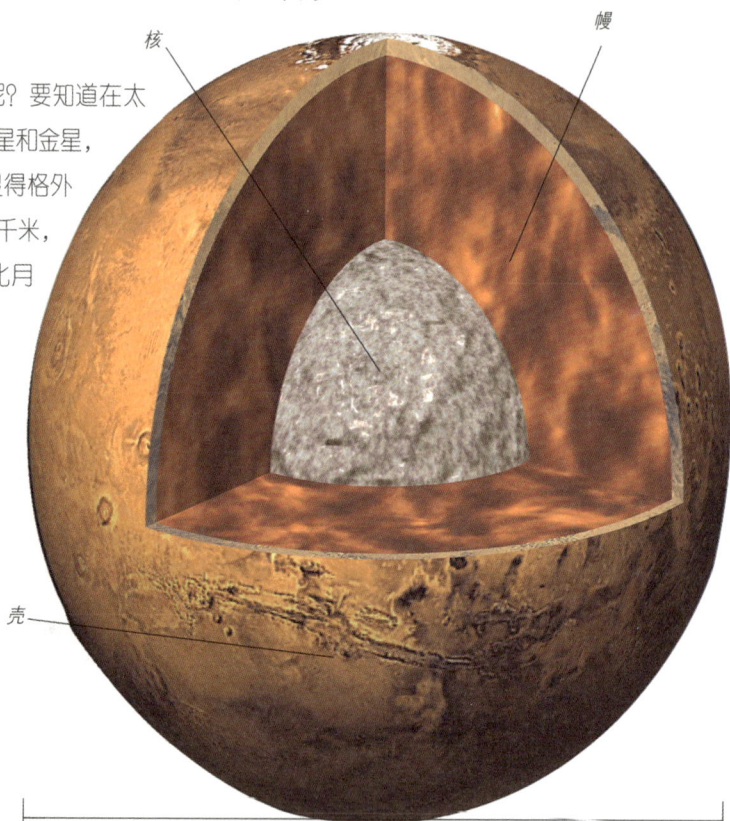

核

幔

壳

夜空中的火星

火星平均直径 6780 千米

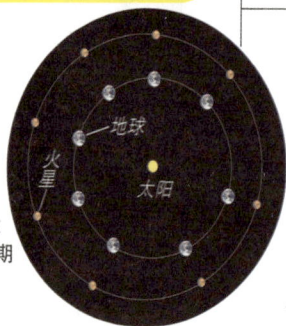

火星、地球绕太阳旋转周期示意图

地球

火星

太阳

火星自转

火星自转跟地球相似，它的一天比地球稍长一些，一年中也有四季变化。只是它比地球距离远，在地球外圈，沿着太阳运转一周要慢。也就是说，地球上已过了两年，火星才完成一次公转。这就是为什么有人说，在火星上过一年，地球上已经过了两年。

火星火山

虽说火星是个荒凉的星球，没有动物、植物，可它有鲜活的地貌，有大大小小的环形山、火山，还有沟谷、盆地、平原等。4座大火山被地球人分别命名为：奥林匹斯山、阿斯科拉山、帕沃尼斯山和阿西亚山。不过，火星上的火山与地球上的火山不同，火星上的火山口特别大。

火星上的火山口

太阳系第一峰

奥林匹斯火山高达 25 千米，基部宽 600 多千米，在火星北半球的平原上高高耸立，是地球上最高峰——珠穆朗玛峰的 3 倍，被称为太阳系内最高的山峰。据太空观测，奥林匹斯与夏威夷群岛上的火山类似，都是由几十亿年的巨大熔岩流形成的。根据观测，这座火山已经很久没有喷发了。

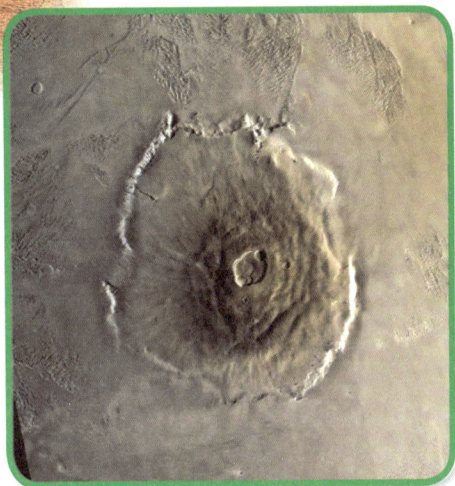

火星上的奥林帕斯山是太阳系中已知的最大火山

火星"运河"

在我们的地球上有不少运河，有人在火星上也发现了"运河"。其实，少数几条只是火星上的裂谷，从"海盗"号探测器发回的近距离火星照片上，可以清楚地看出来。另外，大多数暗色条纹，则是火星上的大气运动掀起的巨大沙尘暴所形成的。

1877 年，一位名叫希亚帕莱里的意大利天文学家注意到了火星表面的痕迹。他将这些痕迹称作"运河"，相信这些"运河"要么是天然的沟渠，要么就是真有火星人，是他们挖掘的。

火星金字塔

据报道，科学家们发现，在火星上北半球有一种造型对称的石像，上面还刻有鼻子、嘴巴和眼睛，难道火星上也有金字塔吗？其实，火星上的石像不止一座，而是有许多座。当然，这里的金字塔也有许多座，并能看到类似城市废墟的遗迹。

人脸石像

火星上观测到的金字塔

火星雪花

值得一提的是，火星拥有太阳系中最大的山脉和雄伟的峡谷，景象神奇壮观。而且，要是你从火星上空俯视，会发现这个红色星球上竟然正在飘着雪花！当然，或许有人会问火星上怎么会有雪花呢？但，这的确是雪花。

火星北极的冰冠

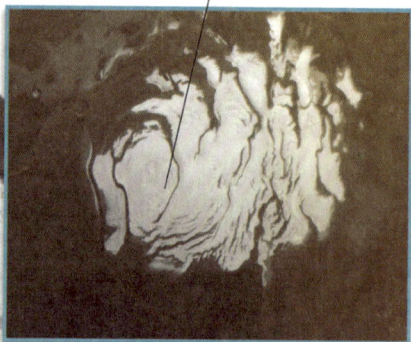

火星上下雨吗？

"凤凰"号火星探测器发现火星上有雪，并把照片传回地球，科学家们异常惊异。研究发现，火星大气中的冰晶颗粒很大，大到足以像降雪一样落到火星表面。可惜的是，火星云里还没有探测到有水的存在，也就无法证明火星上能形成降雨。

火星南极的冰冠

火星上的尘暴

火星尘暴

火星是一颗明亮的红色行星，大气的主要成分是二氧化碳，占95.3%；其次是氮气，约占2.7%。有所不同的是，火星的大气层很稀薄，但也有云、风暴等大气现象。当然，在火星上也有一种尘暴，类似地球上的龙卷风。这里的尘暴的旋转直径可达500米，但高度只有几千米。

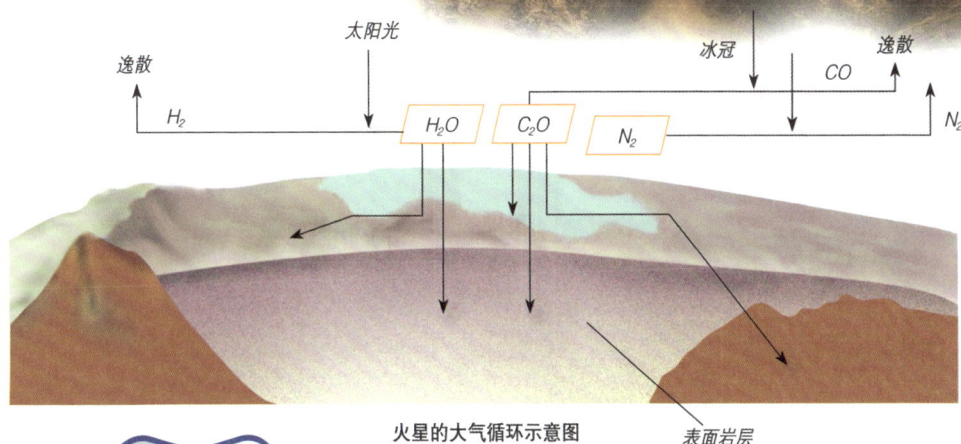

逸散　太阳光　　　冰冠　逸散

逸散

H_2　　　H_2O　C_2O　N_2　　CO　N_2

火星的大气循环示意图　　表面岩层

火星尘暴

大气环流在作怪

火星沙尘暴发生的频率要比地球多得多，有时还会发生全球性的尘暴。据介绍，在1970到1980年间就发生过5次大尘暴，在地球上用较大的望远镜就可以看到。为什么这里会经常发生尘暴呢？原来，这主要是火星大气环流造成的。

危害极大

空中到处弥漫着尘暴

在火星大气中，对人体危害最大的就是尘暴。每个火星年，尘暴都会发生上百次，有时几个尘暴会联合起来，把大量尘粒卷到30千米的空中，形成全球性的大尘暴，而且会持续几个月。

如果火星上有水，会在哪里呢？

奇思妙想

为了找水，人类向火星派出了很多探测器，结果发现火星上有许多蜿蜒的河床。科学家推测，它们是由水的冲刷作用形成的。火星曾是一个温暖湿润、适合生命活动的星球，那里存在过干净的水，出现过大洪水，甚至可能有过大湖泊和海洋。

然而，现在火星表面上竟然一片干涸，那里的水究竟到哪里去了呢？由于火星的气温极低，大气非常稀薄，大部分水很快蒸发，逃逸到空中去了。据估计，如果逃掉的水重新回来的话，那么火星表面将覆盖着一圈50~100米厚的水层。剩下的水分，有的可能藏在地下了。火星的大气中也有少量的水分，不过极少。另外，火星两极的极冠中也含有不少水分，如果把这些水平均铺在火星表面上的话，水层可有10米厚。

据研究，在过去，火星上可能存在液态水。如果宇航员带回一瓶来自火星的水，那究竟能不能喝呢？其实，火星上的水与我们常喝的矿泉水并不相同，是不适合人类饮用的。

虽然现在我们还不确定，那些水里究竟含有什么矿物质及其浓度是多少，但根据各种探测器采集的样本显示，火星表层含有大量的硫酸盐、碳酸盐。这么说来，火星水里一定含有高酸性的、高盐度的可溶性矿物质。也就是说，火星上的水太酸太咸，根本不适合生命生存。关于火星上液态水的存在目前还只是一个推测，并没有得到科学的证实。

造访火星的地球人

火星是否和地球一样存在着四季变化呢？这是都教授将要接受的挑战。

这次，联盟总部派我和杰西作为都教授的特别助理，小萝卜头负责驾驶，和都教授一同乘坐联盟号飞船前往火星探险。此次造访火星，是为了终止天文界一直以来无休止的争论，充满期待啊！

当然，这也是我第一次去距离如此远的星球执行任务。不过呢，能作为都教授的特别助理，我是感到万分荣幸的。都教授是国际上权威的火星专家，他对火星的研究曾引起过天文界的巨大反响。

"教授，我们已经飞临火星上空了！"小萝卜头报告。

"哦，选择合适的地方降落。"都教授说道，"你们快看，这火星看着红红的，怪吓人的。其实呀，这就是古人为什么将火星称为'荧惑'，意思是说火星忽明忽暗，且行踪不定，令人难以捉摸。当然，也有人说它是灾难星，不太受人欢迎。归结起来，都是因为我们对火星了解较少。"

正说着，只见从天空飘下了雪花！我忙插话："没想到火星也会下雪？这真的是雪花吗？"

"没错，这的确是雪花。这种雪花不能与地球上的雪相提并论，称为水冰晶或许更为贴切。"都教授继续说道，"不过，令人遗憾的是，雪花还没有落在尘土飞扬的火星表面，便蒸发到薄薄的火星大气层中去了。这清楚地表明，火星大气层中的确有水蒸气存在，水蒸气能在寒冷时转化成雪花。"

"原来如此！"我听得目瞪口呆。

接下来的几天里，我们做好了充分准备，跟随都教授一起走访了让地球人惊叹的火星人脸、运河地区，并没有发现传说中的火星人，地球上观测到的只是特殊的自然现象。

这次火星之行，彻底颠覆了我心中的火星形象。

木 星

我们的祖先很早就对木星进行了观测，并为其取了很多有趣的名字，比如岁星、太岁等。另外，因为木星巨大而又明亮，所以古代的天文学家用威望最高的罗马神的名字"朱庇特"来命名它。在罗马宗教中，"朱庇特"是掌管天界的神，他以雷电作为武器，拥有着在天地间呼风唤雨的力量。

木星

北极区

北温带纹

北赤道带纹绳状外观由风暴造成

金属核

赤道带

液态氢

大气层

白卵规模仅次于大红斑。

南赤道带纹

南极区

大红斑是长 2.5 万千米、跨度 1.2 万千米的椭圆，足以容纳两个地球

木星的结构

木星上的亮度很高，在夜空中仅次于金星。木星的内部与太阳相似。外层是气体，主要成分是氢和氦。由于离太阳非常远，所以木星表面平均温度是 −140℃。中心部分以固态和液态的形式存在。

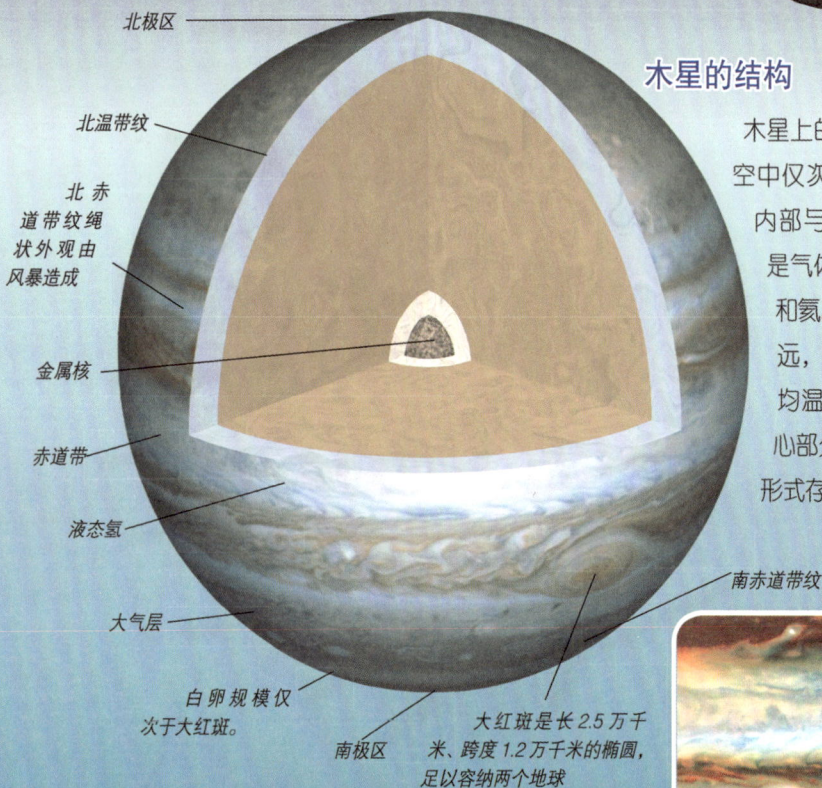

冰冷彻骨的"海洋"

木星表面没有高山和陆地，只有液态分子氢的"海洋"。这个"海洋"冰冷彻骨，上空漆黑一片，唯一可见的是划过天空的闪电。木星的大气像地球上的大气一样稠密，但不是由氧气和氮气构成的，而是由氢气、氦气、氨气构成的，时而飘过的一缕缕白云不是水蒸气而是氨晶体。

木卫一

木星的卫星

1610年1月，天文学家伽利略从望远镜中发现木星附近有3个小光点，几乎在同一条直线上，2个在木星左边，1个在木星右边，后来又变成了4个。经过一连几夜细心的观察，终于发现这是4颗木星卫星。其中，木卫三是太阳系中最大的卫星。

木卫二

木星上的大红斑

从地球上看木星，其有一个醒目的标记，就是大红斑。红斑的形状有点像鸡蛋，由玫瑰色、棕色和白色的云层组成，镶嵌在明亮的木星大气当中，十分壮观！木星上风暴肆虐，有些风暴大得惊人，这都是因为大红斑。

大红斑的变化

木卫三

木卫四

在木星上看日出

其实，在木星上看到的太阳，只有地球上所见太阳大小的1/5左右。木星有63个卫星，它们大小各异、互不相同。它们在自己的轨道上忠实地陪伴着它们的宿主——木星一同前行。赏月令人心旷神怡，若到木星上坐一坐，一晚欣赏63个"月亮"，那该是何等的浪漫和惬意啊！

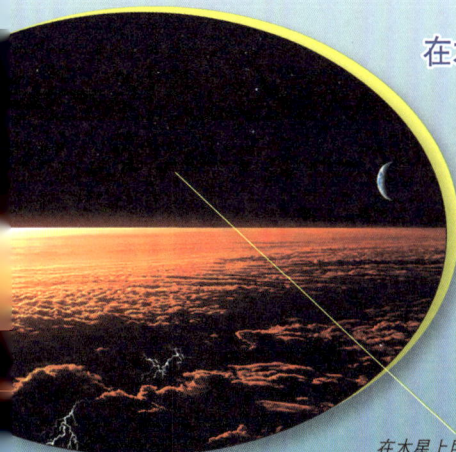

在木星上所看到的太阳只有地球上所看到的太阳1/5大

颜色的秘密

为什么大红斑是红色的呢？一般认为，大红斑是木星大气云层中的一股上升气流，其中飘浮着五颜六色的云，有棕红色的、棕黄色的、橙色的、白色的，主要由红磷化合物构成，并在不停地激烈运动。

木星表面有红、橙、白等五彩缤纷的条纹图案

如果木卫二上有外星人会怎样？

继火星之后，科学家在太阳系中又发现了一颗可能存在生命的星体——木卫二，它上面存在有液态海洋的可能性，近年来已经通过观测木卫二的磁场证实了，这就意味着木卫二同样可能会孕育出生命，那就是说木卫二上也可能有外星人了。

木卫二是否有外星人存在不是很清楚，但可以肯定的是到目前为止人类的探测器没有发现任何的外星生命。然而，大多数科学家相信木卫二存在简单的生命物质。尽管木卫二的表面是冰冻荒原，但是在木星强大引力的作用下它的内部却已逐渐变热，于是在木卫二的冰层下制造了一个液态海洋。科学家认为这种环境和地球海底存在活火山口很相似，所以在木卫二的液态海洋中很可能存在不需要阳光和氧气的原始微生物。

但是，由于木卫二上的海洋隐藏在20多千米的冰面之下，所以人类的探测器要想在那里探测到生命是非常困难的，而木卫二的表面又因经常受到木星巨大能量的冲击，很可能不存在任何生命，因此，在木卫二上找到生命物质的概率不是很大，但科学家相信宇宙飞船总有一天会探测到正好处在冰面下的微生物。2002年，美国科学家最新的研究认为，木卫二上基本具备了满足生命存在最低要求所需的各种元素，这一研究成果为木卫二的生命假说提供了有力的支持。随着探测器对木卫二的深入探测，木卫二上是否存在生命终有一天会有答案的。

木星奇遇记

今天，库克队长将带大家去领略木星风光。

"各位队员，准备好了吗？"

"准备好了。队长。"

"那我们即刻出发。"

"这次去的是木星，听说木星有1300个地球那么大。"大家议论着。

"木星不仅是太阳系的行星之王，还是当之无愧的卫星之王。"库克队长接着大家的话题继续说，"木星表面非常冷，大家做好防寒准备。"说完，他发出指令："出发！"宇宙飞船在火箭的推动下，冲向茫茫太空。连最胆大的杰克也安静下来了，只有心脏在咚咚乱跳。其他队员，如杰瑞、梅西也安静极了。

"大家别紧张，很快我们就告别地球了。"

"我将带你一睹宇宙中最美丽的风景。"作为一个老的宇航员，库克显然已经习惯了这样的紧张状况，变得异常熟练。当第一次从舷窗俯瞰运动着的地球时，大伙儿睁大了眼睛："真是太美了！"这时一缕阳光从太空穿过来，他们第一次在地球外看日出，都为这次木星之旅叫好。

在太空，时间似乎过得很快，还来不及思考就到了火星。他们从火星上空呼啸而过，不远处就是木星了。

此时杰克早已进入了梦乡，杰瑞呆呆地望着窗外，只有梅西在驾驶飞船，小心地在小行星带中穿梭。当快接近木星时，杰瑞叫醒了杰克，库克队长也从梦中醒来，大家一起争先观看这个红色的巨大星球。

"天哪！木星看上去太奇特了，快拿我的望远镜来。"杰克喊道。

"木星是整个太阳系中最大的行星，几乎完全是由液态氢和液态氦包裹着，在我们地球上也有这两种物质。还有，你们看，从不同方向吹来的飓风，包围着木星，形成了漩涡形的云层。"库克队长说。

"既然木星这么大，那它为什么没有成为太阳呢？"杰瑞抛出一个有意思的问题，估计队长也难回答。库克队长笑着说："这的确是个好问题。应该说，它的运气还没有那么好，没有聚集起那么多的物质，所以并没有成为恒星。木星要是成为了太阳，我们的地球上得有多热呀。"

接下来，他们将会对木星进行深入探索，也许永远不知道明天会有什么新发现，那就让所有人为这次木星之旅加油吧！

土 星

土星

透过望远镜，你会被土星漂亮的光环深深吸引，那光环像是一枚散发着美丽光芒的戒指，使土星成为群星中最美丽的一颗。在太阳系里，土星一直为自己美丽的"项圈"而自豪。虽然后来人们发现了木星、天王星、海王星，尽管它们都有自己的光环，可它们的光环比起土星的，实在是差距太大了。

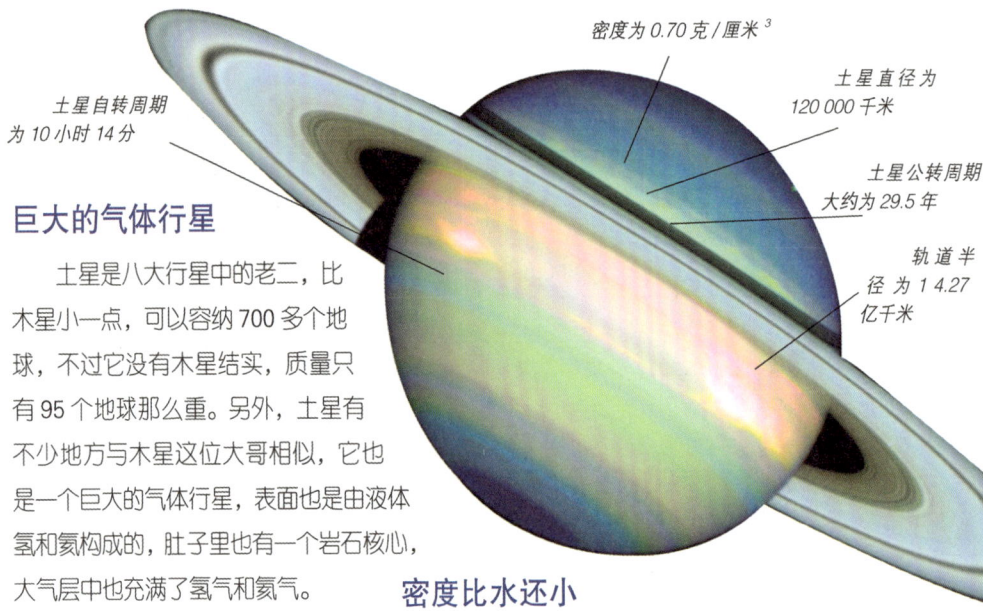

密度为0.70克/厘米³

土星直径为120 000千米

土星公转周期大约为29.5年

土星自转周期为10小时14分

轨道半径为14.27亿千米

巨大的气体行星

土星是八大行星中的老二，比木星小一点，可以容纳700多个地球，不过它没有木星结实，质量只有95个地球那么重。另外，土星有不少地方与木星这位大哥相似，它也是一个巨大的气体行星，表面也是由液体氢和氦构成的，肚子里也有一个岩石核心，大气层中也充满了氢气和氦气。

密度比水还小

别看土星的个头很大，实际上它的密度比水还小，平均密度是0.70克/厘米³，可以说是个浮肿的虚胖子。如果有一个巨大的水箱，把八大行星全都扔进去的话，只有土星会漂在上面，其他行星都要沉入水底。

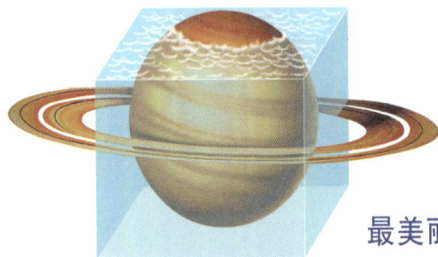

土星的密度示意图

最美丽的行星

土星是太阳系中最美丽的行星。如果乘坐宇宙飞船去旅行，在太空中远远地就能看到它。那橘黄色的球体，穿着一身花花绿绿的横条彩衣，还围着一道绚丽多彩的腰带，土星真够时尚动人的！

像一道彩虹

仰望夜空，漂亮的土星光环像一道彩虹，架在天际。这"彩虹"还不停地转动呢，众多的"月亮"七上八下地漂着，格外引人注目。土星不像地球，它有数十颗卫星呢，让你不再有"明月几时有"的感叹。然而，要想到达土星绝非易事。首先，飞船要足够结实，不然会被土星光环中的小冰块给撞个粉碎。

漂亮的土星环

光环由许多石块和冰块组成

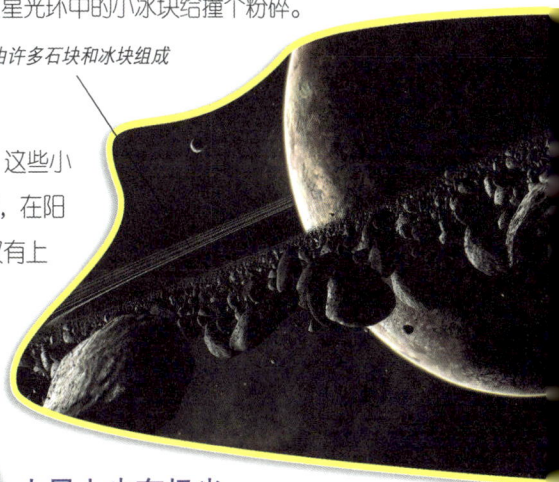

土星的光环

土星的光环，是由无数个小石块和小冰块组成的。这些小家伙们浩浩荡荡地围绕土星运转，10多个小时绕一圈，在阳光的照耀下闪闪发光。实际上，这圈光环很薄，厚度仅有上千米。据估算，把环中所有的小碎块揉成一团，几乎有一个月球那么大。看来，土星光环决非等闲之辈。

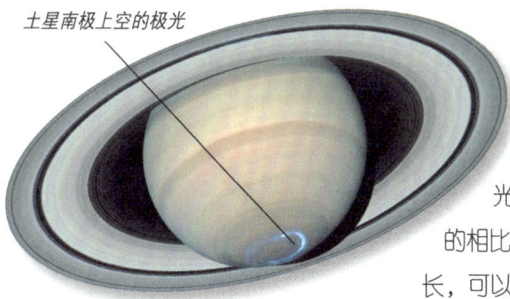

土星南极上空的极光

土星上也有极光

当飞过土星的南极时，一圈诱人的蓝光格外引人注意。土星上也有极光。与地球上的相比，土星上的极光不仅范围大，而且持续时间长，可以存在好几个月呢。土星的南极上空，有一只奇特的"大眼睛"，原来，那里正在刮一场超大型风暴。在土星的北极，有一片六边形的祥云，样子和蜜蜂的蜂巢很像，大得足够放下4个地球。

像个大礼帽

土星跟我们的地球一样，也是斜着身子绕太阳转的，并且倾斜得厉害。当土星绕太阳运转时，它的光环朝向地球的角度不同。光环斜对着我们时，可以看得清楚，这时它像个大礼帽；当光环平对着我们时，哪怕用最大的天文望远镜，也只能看到细细的一条线，这条细线将土星一分为二。

自转周期是 10 小时 14 分

绕太阳公转的平均速度约为每秒 9.64 千米

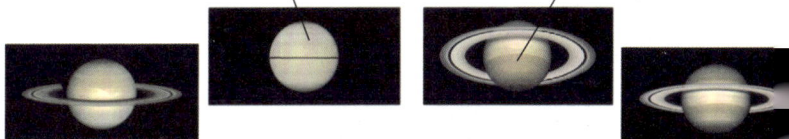

近日点

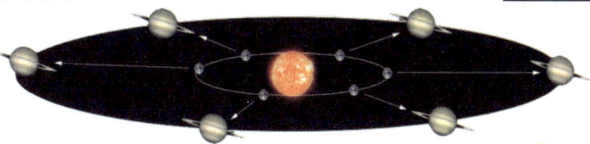

如果你去土星旅行会怎样？

凡是在望远镜里看过土星的人都会为土星美丽的光环惊叹不已。据科学家研究发现，土星的光环非常宽，据说地球在它上面滚动，就好比篮球在人行道上一样。据推断，土星的光环是由接近土星的一颗卫星破碎后形成的。

土星是太阳系中最美丽的一颗行星，从 1610 年伽利略第一次用望远镜观察到土星到现在，已经过了 400 多年了，在这几百年间，人类无时无刻不对这颗美丽的星球存有幻想，随着太空旅游的兴起，美丽的土星成为许多人向往的目的地。如果你有幸去土星旅行，会玩得高兴吗？

然而，希望总是和现实存在差距，迄今为止，只有先驱者 11 号、旅行者 1 号和 2 号三个探测器飞临土星探测过它的活动，也就是说现在人类根本不可能飞到土星，更谈不上旅行了。有人甚至估计 100 年之后，宇航员才有可能驾驶宇宙飞船在土星的上空翱翔，不过即使这样，也不可能在土星表面降落。因为土星是一颗气态巨行星，没有固体表面可供踏足，也不会有液态海洋供船只航行。

所以，100 年后宇航员的土星探索，也就是在土星的大气层内外飞来飞去，在土星美丽的光环之间钻进钻出。

因此，人类的土星之旅是遥遥无期的。

此外，土星和地球相比，完全是一颗奇异的"外星"。土星上狂风肆虐，寒冷刺骨，沿东西方向的风速达到每小时 1600 千米，北半球高纬度地带还有强大而稳定的风暴，这样恶劣的自然环境对人类的生存是一个挑战，所以我们到土星旅行的梦想根本就不会实现。

奇思妙想

勇闯泰坦星

远远看去，土卫六（人们也称它为泰坦星）就像一个熟透了的大橘子，并没其他出彩的地方。不过，你不要失望，总有意外的发现在后面等着你呢。快到达土卫六的时候，飞船上的仪器显示，土卫六大气的下面有一片陆地：广阔的平原上，散布着大大小小的石头和冰状物体。

"开始降落吧！"

惠更斯走出着陆舱，抬头一看，却是橙色的天空，雾蒙蒙的。这时，土星正从地平线上升起，漂亮的光环闪闪发光，壮观极了。奇怪，天空为啥是橙色的？原来，大气中含有一种叫作甲烷的气体。当阳光照在甲烷上面的时候，会形成某些化学物质，导致天空变成橙色。

与地球上的蓝天比起来，土卫六上的天空很美。可是那里天气非常寒冷，温度降到-180℃，地面又湿又滑的，天上还下着"雨"，把人的好心情都破坏掉了！要知道，这天上下的不是雨水，而是甲烷。

在土卫六上，大气压大约是地球的1.5倍，-180℃的温度，在这个压力和温度下，甲烷就变成液体了。在地球上，甲烷非常易燃。多亏了这里没有氧，要不然，一个小火星就可以把整个星球炸翻天！

哦，附近有一座山，为什么不去上面看看风景呢？可这地面上似乎结了一层油膜，脚下还发着嘎吱嘎吱的声音，一不小心，靴子就会被吸住。惠更斯终于爬到山顶。展现在眼前的，是一片星罗棋布的湖泊。在距地球约16亿千米的地方，还有湖泊，确实让人大感意外。

湖水是透明的，偶尔还会微泛波纹。土卫六的引力很小，只有地球的1/7。只要有一点风，湖面上就会出现惊涛骇浪。只是，巨浪的运动比较平缓，如果在这里玩冲浪，一定会很棒。湖上空的天空也非常暗，湖面不是蓝色的，而是橙红色，这让人恍如置身梦境……

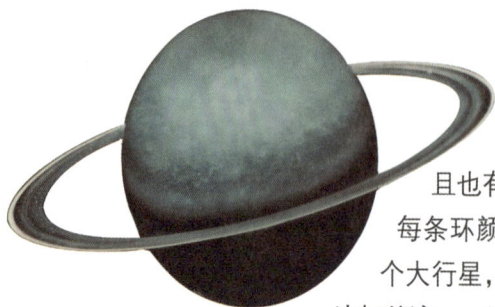

天王星

天王星

天王星和土星一样，也有美丽的光环，而且也有一个复杂的环系。它的光环由20条细环组成，每条环颜色各异，色彩斑斓，美丽异常。天王星也是一个大行星，躺着自转，就像一个耍赖的小孩，在轨道上一边打着滚，一边绕着太阳转圈圈。

错把它当恒星

历史上有许多有趣的天文故事。天文学家第一次看到天王星时，错把它当作恒星。直到1781年，英国天文学家赫歇尔发现，天王星看起来的大小是随着望远镜的放大率的增加而增大，但是恒星的大小是不会因望远镜的放大率的增加而增大的。经验告诉他，天王星不是恒星而是太阳系里一颗行星。

天王星
是太阳系中体积仅次于木星和土星的行星，在夜空中可以直接观测到，亮度暗，绕太阳运转的速度也比较慢

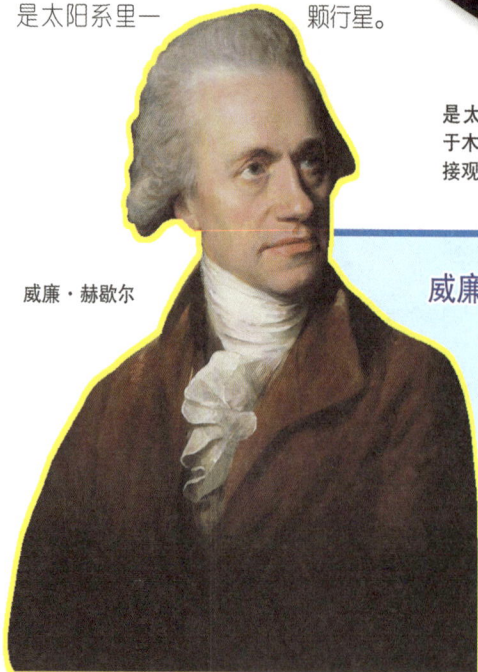

威廉·赫歇尔

威廉·赫歇尔

有个侨居英国的德国人，名叫威廉·赫歇尔，在英国皇宫里吹奏双簧管。这位乐师酷爱天文，并亲手制作了许多望远镜。一次，他偶然发现一颗新的行星，但他没有把握。这颗新星就是后来的天王星。这一发现，使人们第一次突破了太阳系以土星为界的范围，在天文史上产生了深远的意义。

硅酸盐岩核

内部结构

天王星的体积是地球的 64 倍，而质量却只有地球的 14.6 倍。它表面是一片汪洋大海，深达 8000 千米。而内部有一个熔化岩心，但只有地球大小，所以就显得比重较小；和地球一样，它也有磁场，只是比较弱。

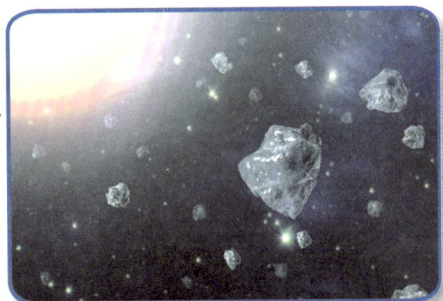

由水、冰、甲烷和氨组成的球幔

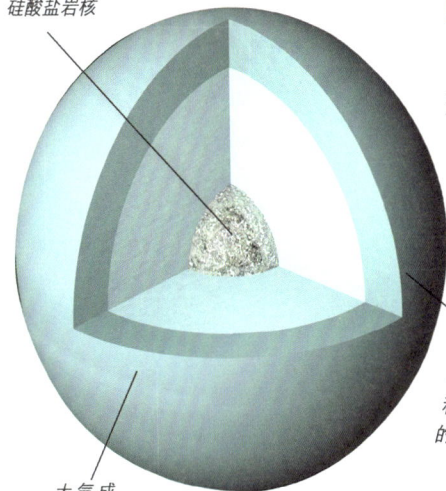

大气成分绝大部分为氢，另外还有甲烷、氨等

天王星结构图

天王星表面成分 10% 是碳元素，在高温高压的作用下，变成钻石落下，形成钻石雨现象

天上掉钻石

在地球上"天上会掉下馅饼"那简直是异想天开。而在天王星上，天上落下来的不是馅饼，而是钻石，这千真万确，信不信由你！如果你去那里旅行，就会发现，一粒粒钻石雨点般地落下来，有的竟有鹅卵石那么大。

蓝色之谜

作为海王星的姐妹星，天王星的大气也是由氢、氦和甲烷组成的。它之所以显蓝色，就是因为甲烷吸收了太阳光中红光的结果。那儿或许有像木星那样的彩带，但它们被覆盖着的甲烷层遮住了。

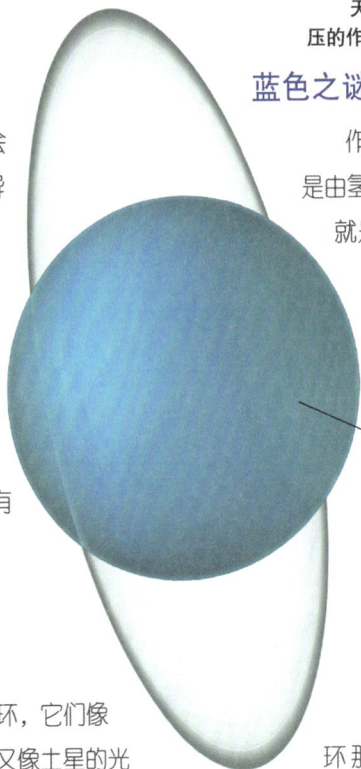

蓝色的大气层

已经发现的天王星光环已经有 20 条了，大多都是红蓝色的

自带美丽光环

天王星有美丽的光环，它们像木星的光环一样暗，但又像土星的光环那样，是由直径达到 10 米的粒子和细小的尘土组成。天王星有 13 层已知的光环，但都非常暗淡；最亮的那个被称为 Epsilon 光环。这么说吧，天王星的光环，是继土星的光环被发现后第二个被发现的。

奇思妙想

天王星是太阳系中的行星，离太阳比较远，它与太阳的距离是日地距离的 19.2 倍。由于天王星距离地球太远，两个多世纪以前，人们还没有发现它呢！这么远的距离，如果你要去天王星，需要多长时间呢？

是不是很想知道我们去那里到底需要多长时间？下面我们来看一组数据，"旅行者 2 号"是 1977 年 8 月 20 日发射升空的太空飞船，它经过 8 年的时间，航行了 48 亿千米后，在 1985 年 11 月 4 日接近天王星。看过这些数据后，你有什么感想呢？经过太空飞船的探测，加上天文学家的努力，我们对天王星已经有了一定的了解。

天王星是蓝色的星球，基本上由岩石和冰组成，它上面的昼夜交替和四季变化很特殊，需要 84 个地球年才能绕太阳公转一周。可以肯定的是，随着科学技术的进步，我们还会进一步了解天王星的。

太阳系中的小兄弟

在宇宙大家庭，里住着一对难兄难弟：天王星和海王星。

天王星是大哥哥，海王星是小弟弟。

在太阳系家族里，它们分别是太阳系的第七颗和第八颗行星。它们距离太阳最远，当然吸收的光也就少得可怜。同样道理，这兄弟俩像生活在地球的寒带一样，冰冷彻骨。从外面看，就像两个蓝色的气球一样。不过呢，天王星是天蓝色的，而海王星是海蓝色的。

还记得，兄弟俩第一次见面的场景吗。

"你怎么躺着运动啊？"小弟弟海王星问道。

"这你就不知道啦，我躺着既舒服还能运动，不像你一天天老是站着，也不休息会儿。"天王星说道，充满了自豪感。谁都知道躺着舒服，海王星也想尝试着像天王星那样，像一个耍赖的小孩，想尝试一下躺在地上打滚的感觉。有了这样的想法，那就说干就干。他稍微动了一下，一切都乱套了。

"我可没那本事，我还是老老实实地站着吧！"海王星对天王星说，我可做不了这种高难度运动。这件事，让作小弟弟的海王星彻底明白自己。

可天王星就不是这样，他满脑子这样转，明天那样滚，总之花样越来越多，都是奇思妙想，今天越多。有一天，他甚至提出，要和小弟弟海王星交换位置。

"这能行吗？我的天王星哥哥啊？"海王星谨小慎微。谁知，天王星却嘲笑他："看你胆小的样子。"说完，他们各自离开自己的轨道，朝对方轨道驶去。远远的天空中两个大圆球开始了冒险之旅。

"你这里暖和多了，躺着真的很舒服哦！"海王星说道。

"你这也不错，虽然离太阳有点远，可风景美极了。"天王星回复说。两个家伙就这样玩得不亦乐乎。

在寂寞无趣的太空，这两个家伙总是能找到好玩的趣事儿。他们一边辛勤工作，一边找寻存在的乐趣。现在，作为小弟弟的海王星，也学会了天王星的口吻："我天生就是这样，我要活得与众不同。"其实，我们每个人不也应该像两个小兄弟一样，活出自己的色彩，不是吗？

海王星

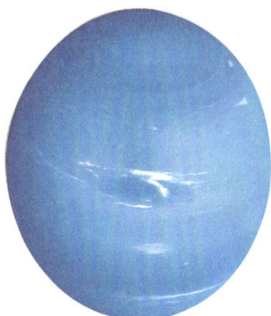

海王星

海王星离太阳约有 45 亿千米。它与天王星相像，简直像一对双胞胎；它穿着一件蓝外衣；它有磁场和暗淡的光环；和地球一样，也有美丽的极光……这就是"旅行者"2 号眼里的海王星。

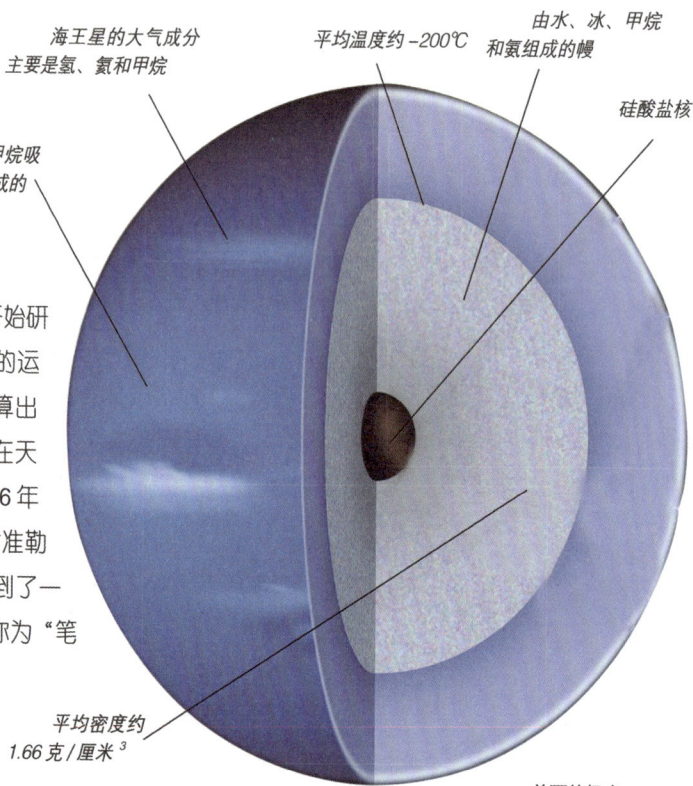

海王星的大气成分主要是氢、氦和甲烷

平均温度约 –200℃

由水、冰、甲烷和氢组成的幔

硅酸盐核

蓝色是大气中甲烷吸收了日光中的红光造成的

平均密度约 1.66 克/厘米³

笔尖上的发现

天王星发现后，人们开始研究它的运行轨道，发现它的运行轨道与根据太阳引力计算出的轨道有偏离，于是推测在天王星外还有一颗行星。1846 年 9 月，德国天文学家伽勒对准勒威计算出的位置，真的看到了一颗蓝色的星星，它就是被称为"笔尖上发现的行星"。

孪生兄弟

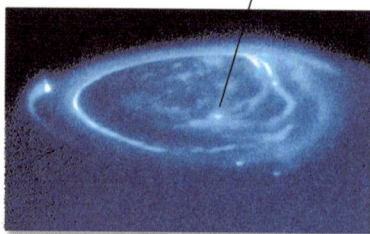

美丽的极光

在 1989 年 8 月，飞向太空的"旅行者 2 号"探测器近距离观测过海王星。

发回的照片显示，海王星与天王星像一对孪生兄弟，个头大小、密度和成分都差不多。不过，海王星并不像天王星那样，悠闲地躺着打滚，而是跟地球一样，站着打转。它有磁场和暗淡的光环，也有美丽的极光。

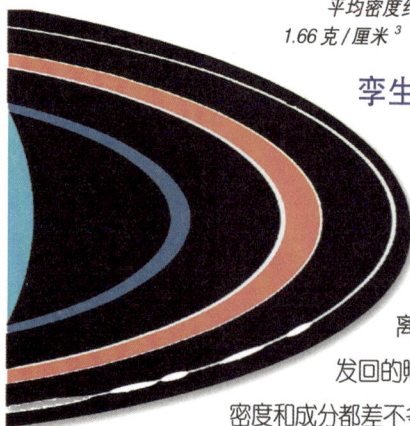

海王星的光环

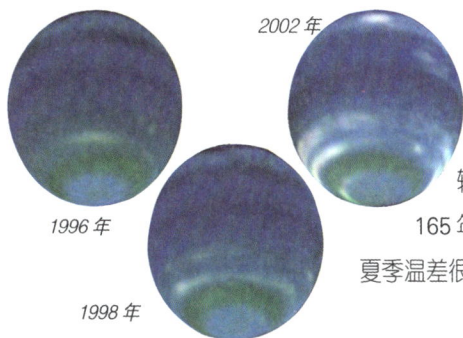
2002 年

1996 年

1998 年

海王星的季节变化

1 年相当于 165 个地球年

在太阳系内，海王星离太阳太远，大约 45 亿千米，照射到它上面的太阳光很稀少。由于公转轨道特别长，海王星上的一年相当于地球上的 165 年。尽管如此，它也有春夏秋冬四季。其中，冬季、夏季温差很小，不像在地球上那么显著。

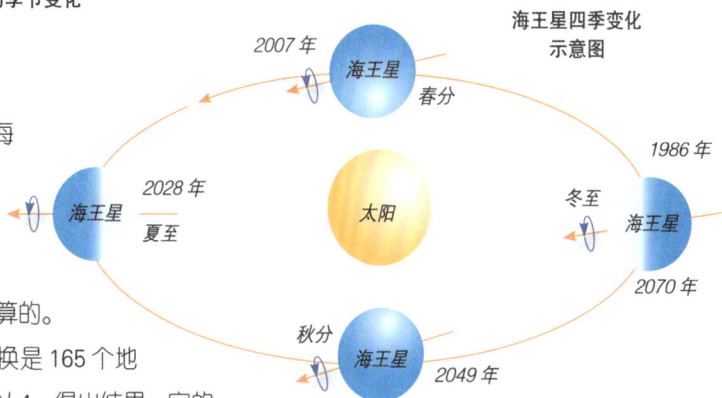

海王星四季变化
示意图

2007 年
海王星
春分

1986 年

海王星
2028 年
夏至

太阳

冬至
海王星

2070 年

秋分
海王星
2049 年

每一季特别长

与地球不同的是，海王星的每一季都特别长，有 40 多个地球年！注意了，这里说的"年"不是以月份来计算的。海王星上的一次季节轮换是 165 个地球年，所以，用 165 除以 4，得出结果，它的每一季至少可以持续 40 年。

发烧的南极

在海王星上，南极要"热"得多，比别的地方要高出约 10℃！按照地球的标准，这也许不算什么。但是，对于太阳系这颗最外围的行星来说，南极几乎是在发低热。因为，过去有数据显示，海王星的平均体温才 –200℃。而在太阳系的其他行星比方说地球和火星上，两极温度都是最低的。

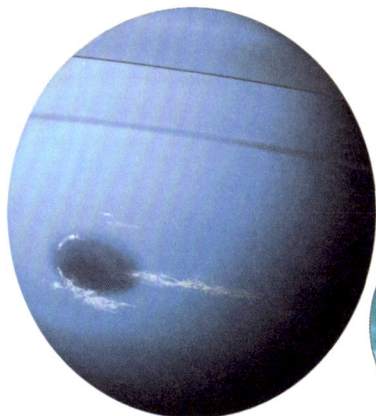

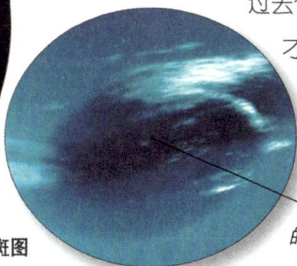

海王星上的疾风以每秒 300 米的速度把大黑斑向西吹动

海王星的大黑斑图

阴暗多风

海王星上充满着活力，是一个阴暗多风的星球。厚厚的大气中，甲烷冰晶形成的有毒云体狂飞乱舞。湍急的气流上下翻滚，好不热闹！它的南半球有一个醒目的大黑斑，形状、位置和大小同木星的大红斑如出一辙。海王星的天气一直以古怪和狂暴著称，刮起的狂风速度有时达到每小时 2000 千米。

如果去海卫一做客，能看到什么呢？

More

奇思妙想

海王星在"旅行者2号"探访之前，当时的人们认为海王星只有两颗卫星，也就是海卫一和海卫二。后来逐步观测多颗自然卫星，到目前共发现13颗卫星。

海卫一是一个备受关注的天体，最初是以希腊海神崔顿命名的。它的大小、密度和化学组成与矮行星冥王星差不多，由于冥王星的轨道与海王星相交的缘故，因此海卫一可能曾经是一颗类似冥王星的矮行星，被海王星捕获。

这些海王星的卫星中，海卫一个头最大，直径约2700千米。如果前往那里做客，首先映入眼帘的是一个耀眼的白色世界，感觉冷得出奇，表面温度低达-235℃。远处，伴随着隆隆巨响，几座火山突然喷发了！只见喷发物直冲云霄，据测量，有30多千米高呢。不一会儿，天空中雪花纷飞，煞为壮观。在离地球这么远的星球上，竟然也下雪，让人格外激动。

这雪是怎么回事呢？原来，火山喷发的东西，不是滚烫的岩浆，而是白色的冰雪团块，还有黄色的冰氮颗粒。由于重力小，喷发物会慢慢地落下来，仿佛飞飞扬扬的鹅毛大雪，这不能不说是太阳系的一大奇观。有人推断，在海卫一内部可能有一个液态的水层，那里有可能存在原始的生命。

114

花开海王星

我是一朵小花。

我是一朵来自海王星的小花。今天，我要向你说一下我和海王星的故事。我们海王星是很冷的，常常下大雪，有时还会刮很大的风。这里常年累月被雪覆盖着。不过，我却非常喜欢有积雪的日子，我看到小朋友们踩在上面，脚底下发出咯吱咯吱的声音，就高兴得手舞足蹈。

插一句话。在我们海王星上，住着的是海王星人，他们就像你们地球上的因纽特人，一年四季都穿着厚厚的衣服，住在冰块垒成的房子里。相比因纽特人，我们海王星人更能忍受寒冷、更耐冻。

冬天，冷冷的阳光洒下来，白茫茫一片。在用冰块垒成的小屋里，墙壁晶莹剔透。他们也常聚在一起，不是唱歌就是聊天。他们内心很明亮，因为他们身上有爱。他们极其热爱自然界的动植物，动物都是他们的朋友。

有一天，有一个地球人闯入了海王星，这就是宇航员欧文。当时，欧文是落到一处偏僻的丛林里，腿摔伤了，不能动弹。

"哦，这是一朵花。"欧文看看那朵已经干枯了的我，用力跺跺脚，想让自己站起来，可是没有成功。当时，我就在他的身边，他知道我能治病，就用我身上的汁液治好了伤。为什么要带我走？他嘿嘿一声，"为什么？因为你身上有我一直想要找的东西。"他说这句话时相当自信。

就这样，我来到地球。其实，我始终是一朵海王星上的小花。

欧文是一个有大自然情怀的人。原来，他一直向往的，想必就是海王星上的自然世界吧。他带我去了好多地方，见到了地球上最美的风景，也见识了许多不堪入目的事件，包括丛林中最为残酷的杀戮等。他问我："为什么我们地球人不能像海王星人一样，与自然和平相处呢？"

原来，这才是他带我来到地球的原因。我无奈地摇了摇头，或许这就是选择吧！地球选择了人类，所以才有竞争，当然包括杀戮。而我们海王星呢，至今还是一个冰冷的星球，了无生气。我刚说完，欧文一下子眼睛亮了。我很庆幸，或许我已经帮他打开了心结，一切无需多说……

矮行星

冥王星

矮行星因为冥王星的加入而声名大噪。2006年8月24日，在美丽的捷克首都布拉格，举行了国际天文学联合会（IAU）第26届大会。在会议期间，代表们投票表决了太阳系行星身份的草案。根据表决结果，冥王星因为实力不佳，被从行星家族中开除！理由是它的质量不够大，再加上轨道非常扁。

冥王星下岗

冥王星距离太阳很远，是地球到太阳距离的40倍；轨道很奇特，呈椭圆形，比其他各大行星的轨道都要扁长，也要倾斜得多，绕太阳跑一圈要248个地球年；个头太小，直径才2300多千米，而地球的卫星月球的直径可达3400多千米，它仅有月球的2/3大！这些不利因素，让它不得不从行星岗位上下岗。

冥王星地表上光亮的部分可能覆盖着一些固体氮以及少量的固体甲烷和一氧化碳

岩石核

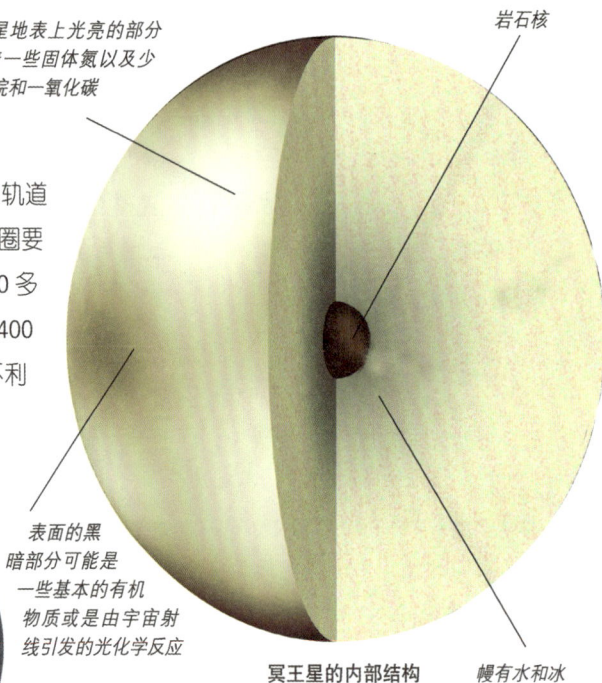

冥王星的内部结构

幔有水和冰

表面的黑暗部分可能是一些基本的有机物质或是由宇宙射线引发的光化学反应

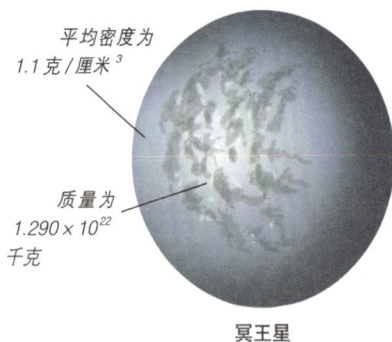

平均密度为1.1克/厘米³

质量为1.290×10²² 千克

冥王星

谁忧谁愁？

冥王星下岗了，引起了世界上许多天文学家的反对，甚至有人认为："这是一个糟糕的决定。"有美国小学生强烈抗议道："它是最可爱、最具迪士尼风格的行星，你们为何要将它赶出行星之列？"

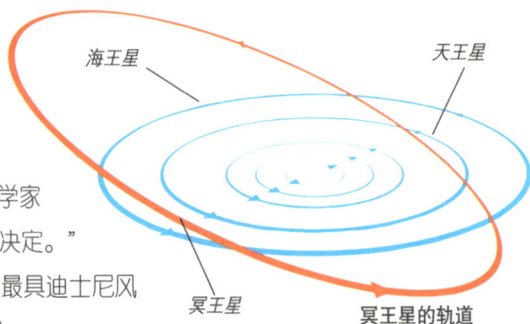

海王星

天王星

冥王星

冥王星的轨道

加布里埃尔

冥卫一

阅神星 2003 UB313　　　冥王星　　　鸟神星

夏威夷
2003 EL61　　　塞德娜黄道离散天体　　　夸欧尔 类
　　　　　　　　　　　　　　　　　　　　QB1 天体

目前矮行星成员有：冥王星、卡
戎星（候选矮行星）、阅神星、谷神星、
鸟神星等

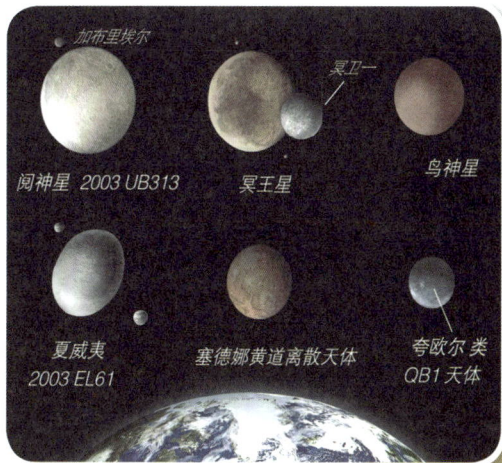

不是行星的矮行星

　　根据新定义，太阳系成员包括：行星、矮行星和太阳系小天体等。其中，矮行星是指与行星同样具有足够质量、呈圆球形，但不能清除其轨道附近其他物体的天体。也就是说，矮行星并不是行星，而是与行星不同的另一类天体。

冥王星的发现

　　1930 年，美国天文学家汤博发现冥王星，他当时错估了冥王星的质量，以为冥王星比地球还大，所以命名为行星。后来，经过进一步观测，天文学家发现冥王星的直径只有 2200 多千米，比月球还要小。但是"冥王星是行星"早已被写入教科书，因此天文学界很长时间里对这一失误睁一只眼闭一只眼。

想象中的冥王星和它的卫星一

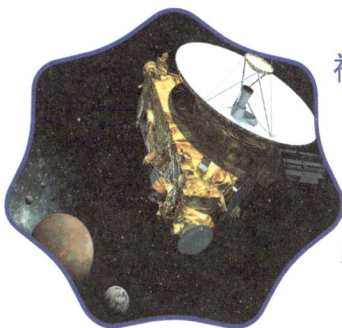

神秘的冥王星

　　在世界上最大的望远镜眼里，冥王星就像一粒闪着微光的小米粒。由于太小太暗淡了，它有许多地方不为人知，比如大气层结构、真实身份等，而这些也使我们的冥王星披上了一层神秘的面纱。

　　因为遥远的距离，冥王星一直很难被探测到。2006 年 1 月，美国向冥王星发射了无人探测器"新视野"号，这是人类对冥王星的首次探测

如果靠近神秘的冥王星会看到什么?

奇思妙想

冥王星曾是太阳系中行星家族一员，当然这是个错误的认知，所以在 2006 年的国际天文学联合会大会上，众多专家通过投票的方式，最终将冥王星降级为矮行星，尽管这样，人们对这个神秘的天体依然很感兴趣。

至今，冥王星发现已有 80 多年，但由于它又小又远，天文学家依然没有完全揭开它神秘的面纱。冥王星距离太阳的平均距离约为 59 亿千米，约为日地距离的 40 倍，它围绕太阳运行一圈需要花 248 个地球年。冥王星围绕太阳运行的轨道，和行星相比是一个更为扁长的椭圆形轨道，有时候它在比海王星还靠近太阳的位置上运动。此外冥王星的自转周期也很特别，按万有引力效应来看，水星和金星的自转速度最慢，其他行星的运转周期是 10 小时到 25 小时，冥王星的自转周期竟然达到 153 小时。

时至今日，从 2006 年升空，在茫茫太空中跋涉了整整 9 年半，飞越了 50 亿千米的路程的人类首个造访冥王星的探测器——新地平线号终于在 2015 年 7 月抵达冥王星上空，传回了首张冥王星近照，并发现心形暗斑。但它在人类眼中依然很模糊，神秘莫测。

总之，冥王星很特殊，人类也在积极探测这颗矮行星，希望揭开更多的秘密。

118

冥王星下岗记

一天，太阳系家族召开一次特别会议，所有的行星成员都前来参加。当然，也包括天王星、海王星和冥王星。

"现在，我宣布会议议题。"会议主席由太阳系主人太阳公公主持。

"今天，我们要讨论一下涉及每个成员的归属问题。按照宇宙最新出台的规定，我们要重新选出八大行星。"

"八大行星？"水星插话道。

"这么说要开除一个了？"地球补充道。

"是的。我刚才说过了，这是宇宙最新出台的规定。所以，今天就是要在你们九个里面排除一个来。"

"这的确不是一件好事。"火星说道。

"谁下也不合适啊？"木星也说。

"所以说嘛，我们大家共同来拿个主意。考虑一下是按大小合适呢，还是按辈分，或其他什么条件？"太阳补充道。各大行星议论纷纷，一时间，会议陷入了僵局。地球出来讲话了，他说："我愿意退出。"可太阳公公马上驳回了，拒绝了他的这一请求。

讨论结果，决定根据星球体积大小以及各自家庭成员确定行星身份，最后列出了两位排除名单，这就是海王星和冥王星。最后，冥王星表示愿意退出，他的理由只有一条："我最小，理应退出。"

最终，冥王星的提议通过大会表决。主持会议的太阳公公无奈地宣布："太阳系家族的九大兄弟必须竞争上岗。不幸的是，原来的老九——个子最小的冥王星，因为实力不佳，被逐出了我们太阳系行星家族。我想这对冥王星来说是一件悲哀的事情，但这就是答案。"不过，对于冥王星来说，该去哪里工作呢？经过研究，冥王星有了一个新称谓——矮行星。

行星袭击地球

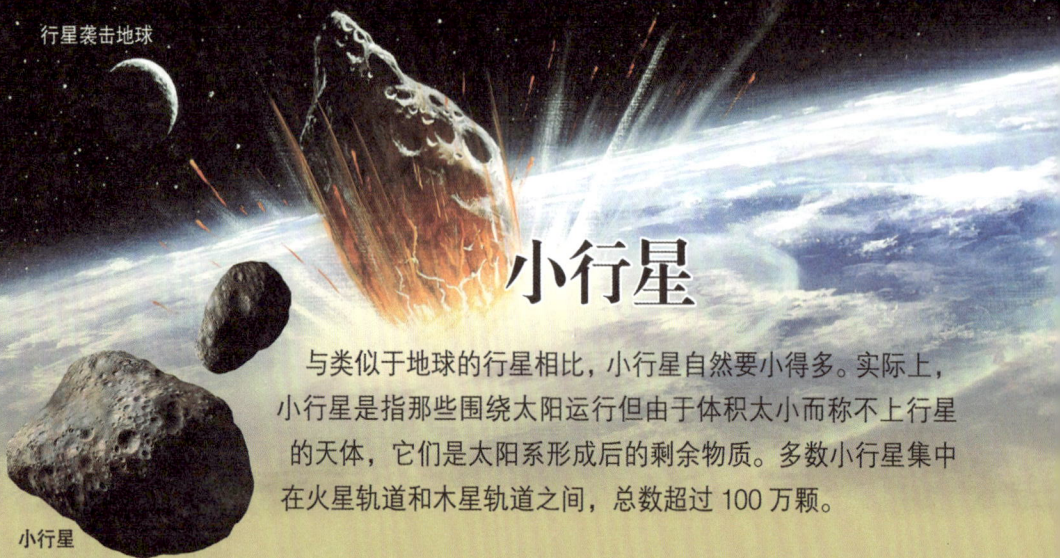

小行星

与类似于地球的行星相比，小行星自然要小得多。实际上，小行星是指那些围绕太阳运行但由于体积太小而称不上行星的天体，它们是太阳系形成后的剩余物质。多数小行星集中在火星轨道和木星轨道之间，总数超过 100 万颗。

小行星

祸起小行星

距今 6500 万年前，称霸地球的恐龙神秘失踪了。据一些科学家说，是因为一颗直径只有几十千米的小行星撞击地球，导致地球上大范围的地震、海啸和火山爆发，温度急剧升高。而撞击后，尘埃环绕地球，致使太阳光照不到地球，温度下降，恐龙及 80% 以上的生物在这次撞击中灭绝。

"小行星撞地球导致恐龙灭绝"想象图

袭击地球

小行星撞击地球不是假设。科学家发现，大约在 5 万年前，一颗名叫亚利桑那的小行星袭击了地球，据说地球上的许多生命都遭到了灭顶之灾，而且它还在地球留下了一个直径为 1240 米，深 170 米的大坑。

陨石坑

命名规则

小行星最初发现后，大都是以希腊神话中的神命名的，如谷神星、爱神星等，可是后来人们发现的小行星越来越多，就也有用发现者的名字、地名，甚至用古代天文学家来命名，比如张衡、祖冲之等，多数小行星只编了一个号。2015 年，第 41981 号小行星已经被命名为"姚贝娜"。

被命名为伽利略的小行星

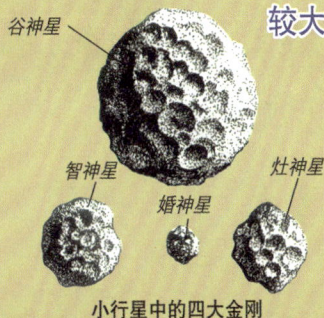

较大的小行星

在宇宙中，最早发现的4颗较大的小行星分别是谷神星、智神星、灶神星、婚神星。到目前为止，已发现的小行星中，只有13颗直径达到200千米以上，其余的在300米到200千米之间不等。

谷神星

智神星　婚神星　灶神星

小行星中的四大金刚

谷神星是迄今小行星带中最大的天体

直径为959.2千米

自转周期为0.3781天

谷神星的表面地形非常复杂

质量为 9.445×10^{20} 千克

最早的小行星

据介绍，最早发现的小行星是谷神星，是在1801年被发现的。2006年，第26届国际天文学大会上确认了"矮行星"的名称和定义，于是有一部分大型的小行星被划入矮行星的范围。

密度为2.05克/厘米^3

谷神星

天外来客

在2013年2月15日，地处俄罗斯车里雅宾斯克州。当地时间9时20分，天空中突然出现了一颗流星，它以飞快的速度坠落。不一会儿，流星在该地上空爆炸，燃烧解体，碎成许多块，爆炸引发的冲击波让许多建筑受损，甚至造成了人员受伤。事后据人们回忆，当时的场景确实很让人害怕。

流星滑行速度非常快，伴随一道白光闪过天际

由于陨石坠入俄罗斯车里雅宾斯克州地区，导致冰冻的切巴尔库尔湖面形成一个巨大的窟窿

如果小行星撞击地球会怎样？

奇思妙想

小行星会撞击地球吗？2004年的1月，美国新墨西哥州的天文学家发现一颗小行星正快速地向地球飞来。如果不加以制止，这颗直径约为500米的小行星可能会在9小时后落到地球的北部，到时候也许会造成数百万人的死亡，幸运的是就在千钧一发的时刻，小行星改变了一点方向，与地球擦肩而过。同年3月，又有一颗直径为30米的小行星从南太平洋上空掠过，它距地面只有4.3万千米，据说这是小行星与地球距离最近的记录。如果小行星真的撞击了地球，后果真是不敢设想。据科学家研究发现，恐龙的灭绝就与小行星撞击地球有关。人类难道也会上演这样的悲剧吗？

事实上，小行星撞击地球的概率不大，但是小行星对地球的危险是存在的，下面我们就来认识一下地球潜在的敌人——小行星。

现在人类已发现在小行星很多，但只有10000多颗被正式命名。小行星的体积一般较小，如最大的小行星直径也只有1000千米，而最小则只有鹅卵石一般大小。还有一些小行星受到行星引力等影响，它们的运行轨道会发生变化，如接近地球的小行星。因轨道与地球相交的又叫近地小行星，它们对地球的威胁最大。目前已知的近地小行星在250颗以上，而实际数量可能多达1000颗。

迎战小行星

公元 2036 年，地球。

"报告！"监测站发回警报。

"请讲！"负责宇宙安全的指挥中心命令道。

"有一小行星正朝地球飞来，去向不明。"

"察明情况。"

"好的，一切准备工作都在有序进行。"小行星向来被认为是潜在的地球杀手，要是一旦产生危害，那可不得了。

也就是说，一旦有碰撞发生，损失将是巨大的。还记得 6500 万年前那次恐龙灭绝吗，就是小行星搞的鬼。这颗小行星倘若击中海洋，将产生高达 200 米的巨浪，地球上的一少半人会看不到日出，将发生第六次物种大灭绝。

"可不能让它靠近地球哦，我们要在它飞临地球上空的一刹那，将它劫持，扔到其他地方去。"

"这是一个办法。不过也是危险重重。"

"现在，没有更多时间考虑了。"

"好，赶快行动。"

"一切准备就绪，只等出发！"

"点火，发射！"几分钟后，"猎户座"经过了漫长飞行，飞船到达小行星附打开发动机，利用气垫进行软着陆。

飞船指令员派出几名宇航员，在大孔，然后将足量的核弹塞了进去。接爆核弹，小行星被炸得四分五裂。危险

飞船被送进预定轨道。

近，然后在合适的地点，随后飞船成功着陆。

小行星的核心位置钻了一个着，大伙紧急撤离了。随即引解除了，人类又一次拯救了自己。

彗 星

彗星

在宇宙中，彗星拖着一根如扫帚的尾巴，发着耀眼的白色光芒，被称作"扫把星"。每当有彗星划过天空时，人们就会认为是灾祸的前兆，甚至有人会把对自己不好的人比作"扫把星"。其实这是不科学的，但彗星的出现真的会带来气象变化。

长长的尾巴

彗星，最大的特征就是拖着一条长长的尾巴。由于这条怪异的彗尾，彗星被人们赋予了很多神秘的色彩：彗星的出现预示着灾难即将来临。就这样，幽灵一样的彗星恐吓了人类几千年，一直到今天。

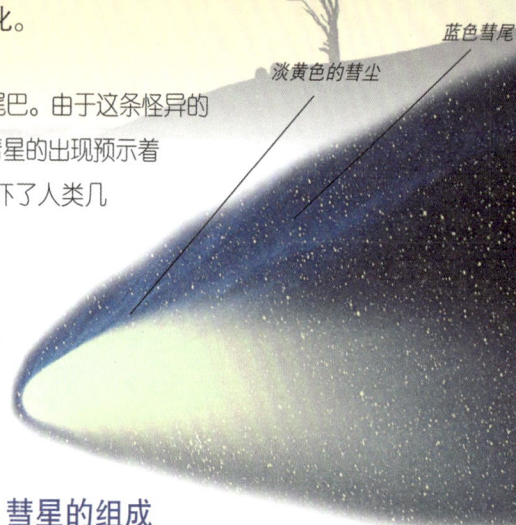

蓝色彗尾

淡黄色的彗尘

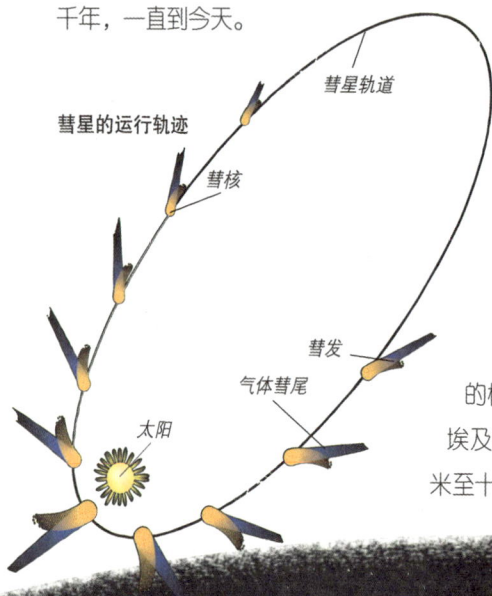

彗星的运行轨迹

彗星轨道

彗核

彗发

气体彗尾

太阳

彗星的组成

彗星是由彗核、彗发和彗尾组成，其中彗核是它的核心。它的质量大多集中于彗核。彗核是由石块、尘埃及氨、甲烷、冰块等组成的固体，它的直径很小，几千米至十几千米，而最小的只有几百米。

彗尾的变化特点

彗星长长的像扫帚一样的尾巴，是宇宙天体中最富个性的。彗星大约在距太阳3亿千米时开始出现彗尾，越接近太阳彗尾越长。在距离太阳最近的一点（近日点）后又会远离太阳，彗尾也会随之逐渐变小，直至没有。

彗星的寿命

从天文学的时间意义上来看，彗星是短寿的。为什么呢？原来，彗星每次"造访"太阳，都会有一部分挥发性的物质失去，大约 50 次之后，彗星就会变成一块"飘浮的岩石"。所以说彗星的寿命是很短的。

逐渐走向死亡的 C/2012 S1 彗星

哈雷彗星的主要成分是水、氨、氮、甲烷、一氧化碳、二氧化碳及不完备分子的自由基

哈雷彗星

哈雷彗星

1682 年 8 月，一颗肉眼可见的彗星出现在天空上。年仅 26 岁的英国天文学家哈雷对这颗彗星特别感兴趣，他预言这颗彗星，会在 1758 年底或 1759 年初再次出现。正如哈雷所说，这颗彗星真的出现了，然而当时哈雷已经去世。为了纪念哈雷，这颗彗星被命名为"哈雷彗星"。

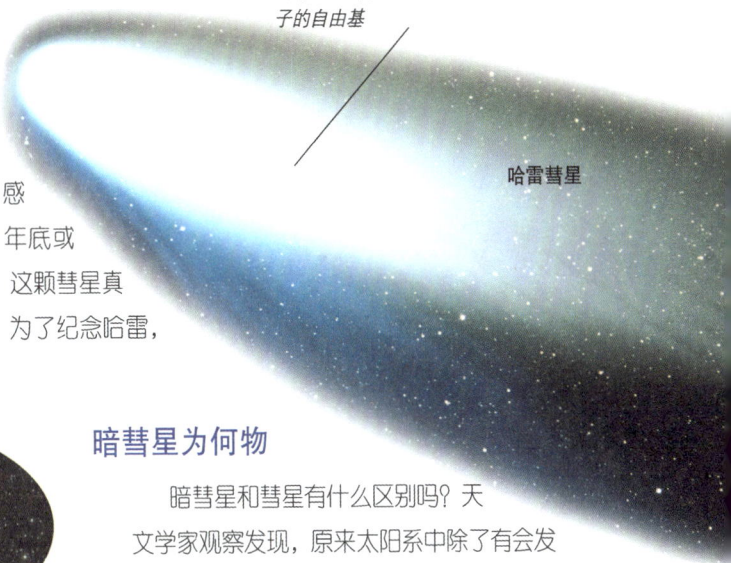

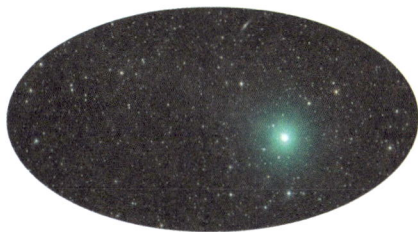

暗彗星是一种脱落其明亮冰晶物质，只保留着内核，从而反射很少的光线

暗彗星为何物

暗彗星和彗星有什么区别吗？天文学家观察发现，原来太阳系中除了有会发光的彗星，可能还存在由漆黑的碳化合物组成的暗彗星，它吸收可见光而不反射光，科学家们估算这种暗彗星的数量要比一般可见彗星的数量多 400 倍以上，也就是说它们可能对人类造成严重的威胁。

如果看到彗星真的会倒霉吗?

生活中常常会听到有人把某人说成是"扫把星""灾星"。这是为什么呢?原来在中国古代有一种迷信的说法,认为彗星(扫把星)是灾难的象征。彗星真的是灾星吗?它会带来厄运吗?看到彗星真的会倒霉吗?事实上彗星的出现是一种很正常的天文现象,但是由于古代人的自然科学知识很贫乏,恰巧彗星出现时有自然灾害发生,古代人无法对这一现象做出合理的解释,所以他们对彗星的出现很恐惧。下面我们就用科学的眼光认识一下扫把星。

彗星是太阳系中奇特而较小的天体,它们的数量非常多,最常见的彗星的运行轨道是椭圆形的,由于它们每隔一定时间会绕太阳运行一圈,所以通常也把这种彗星称为周期性彗星。一般我们看到的彗星是运行周期小于200年的短周期性彗星,如恩克彗星、哈雷彗星、奥特麦彗星等,其中著名的哈雷彗星的运行周期为76年。

人类最近一次观察到哈雷彗星是在1986年。彗星小的时候看上去像一颗小行星,我们的肉眼很难见到;而彗星大的时候,拖着长长的尾巴,延伸大半个天空。彗星是由非挥发性微粒——尘埃、冰块、气体等组成的。此外,还有一些非周期性的彗星,它们的运行轨道是抛物线或双曲线形,它们一生只接近太阳一次,便消失了。当然彗星的秘密还有很多,还有待于我们人类更进一步探索研究。

追星人

一天，夜空中突然冒出一颗奇异的星星，它拖着长长的尾巴，披头散发，还闪闪发亮，连月亮也被它淹没了！"天啊，这是什么怪物！"有的人给吓病了，有的人跪在地上，虔诚祷告。教堂的神父们大声疾呼："妖星出现了，只有信仰上帝，才能得救。"一时间，仿佛世界末日来临。

"这是什么情况？"M教授第一时间获得了这一消息。他随即和自己的学生塔克联系，让他密切关注这个鬼东西。

"真的有怪物？一派胡言。"M教授的学生塔克不信这个邪。此刻，他正在外太空进行工作，也发现了这个家伙。不过，他现在还没有掌握足够的证据，不好妄下结论。

塔克和彼得船长，随即乘坐飞船去寻找刚才出现的大家伙。一阵急促的警报声从飞船太空扫描仪传出。每个人都放下了手中的活儿，凑过来看。

"扫描仪发现了什么东西！"塔克说。他紧紧盯着扫描仪屏幕，只见一个亮点正超速移动。在屏幕上

"我很好奇这是什么东西？"M道，M教授正在地球上，监控着这个太空，可以更直观地看到它的模样。教授很是疑惑。要知怪异的家伙。而塔克则在

"是一颗小行星吗？"有人插话，太空里飘浮的一块石头。"一颗小行星的话，就是在

"我知道了！"塔克一拍脑门儿，"无论如何它也不像是小行星，瞧它多大的块头啊，还带着一个长长的尾巴。"

"那么，它一定是一颗彗星喽。"塔克肯定地说。

"它是从哪儿来的呢？"M教授挺纳闷儿，"为什么飞行速度这么快？"

于是，塔克等人乘飞船直奔这颗新发现的星球。这的确令人激动。"在这之前，我们还从来没有这样追星星呢，"塔克兴奋地说，"我们给它起个啥名字好呢？"

流　星

突然，一颗流星划过天空，紧接着又一颗。"啊，是流星雨！"真是太美了。许多人闭上眼睛许愿。在我国民间，人们给流星赋予了特殊的含义，有的人相信在流星划过的瞬间许下的愿望一定会实现。

流星

它们来自哪里

在太阳系中，除了我们熟悉的八大行星以及一些卫星之外，还有矮行星、彗星、小行星等天体。有些天体虽然比较小，但它们也在围绕太阳公转。当它们经过地球附近时，可能就会闯入地球大气层，在与地球大气发生剧烈摩擦中，会发出耀眼的光芒，这就是我们经常看到的流星。

流星以每秒 11～74 千米的速度进入大气层

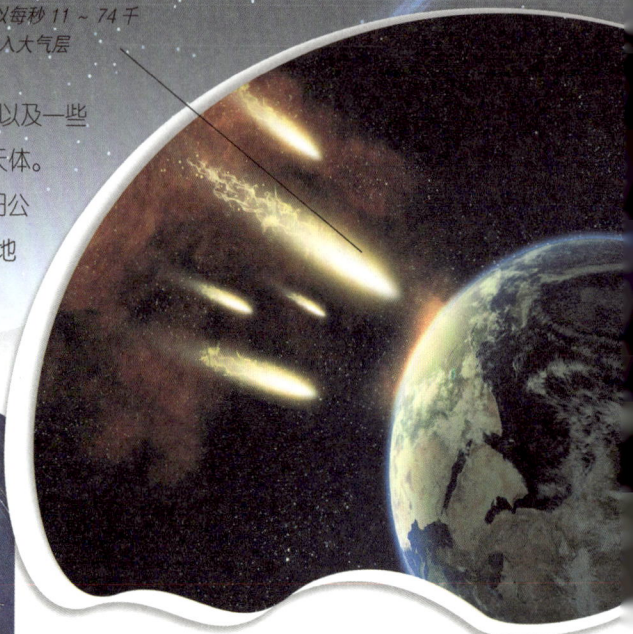

历史上的流星雨

世界上最早发现和记载流星雨的，是中国。中国古代关于流星雨的记录，大约有 180 次之多，关于狮子座流星雨的有 7 次。如《左传》记载："鲁庄公七年夏四月辛卯夜，恒星不见，夜中星陨如雨。"这是在公元前 687 年，是世界上流星雨的最早记录。

流星与陨石

面对流星的时候，许下自己的心愿一定能实现吗？其实，再美好的愿望都是要靠自己去努力的，而流星只不过是承载了这一美好的愿望而已。多数流星是分解了的彗星。有个别的流星没有完全燃烧，不小心落到了地面上，那就是陨石了。

流星

陨石

流星雨

顾名思义，就是成群的流星，像是从夜空中的一点迸发出来并坠落下来的特殊天象，通常以流星雨辐射点所在天区的星座给流星雨命名。例如，每年 11 月 17 日前后出现的流星雨辐射点在狮子座中，就被称为狮子座流星雨。其他流行雨还有宝瓶座流星雨、猎户座流星雨、英仙座流星雨等。

狮子座流星雨

观测者看见流星在天空中飞过，往回追溯流星的来向，似乎集中在一个点，这个点就称为辐射点

规模大不相同

流星雨有大有小。有一种流星雨，有时在一小时只出现几颗流星，但它们也是从同一辐射点出来的。还有一种，在短短的时间里，能在同一辐射点中迸发出成千上万颗流星，就像我们过节放的礼花一样美丽壮观。

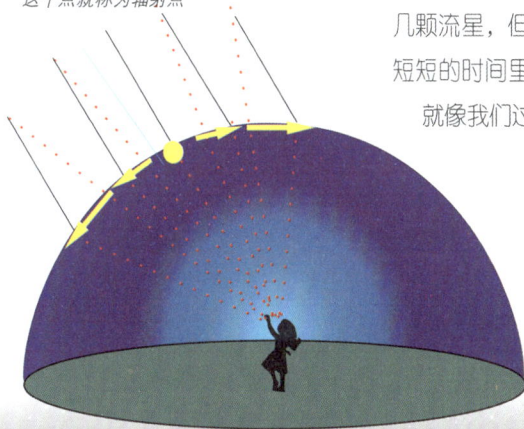

流星的辐射点示意图

猎户座流星雨

周期流星

流星雨会出现在固定的星座范围内，而且出现的日期也大致相同，因此它们又被称为"周期流星"。比如八月流星雨也称英仙座流星雨，总是在每年 8 月 9 日至 13 日之间出现，猎户座流星雨则会在每年的 10 月份出现。

如果流星落到你家里会怎样？

奇思妙想

其实，你根本就不要考虑这样无聊的问题。为什么？

其实，流星是行星际空间流星体（固体块）和尘粒在地球大气圈同大气分子发生剧烈摩擦而产生的燃烧光迹。每天都有数十亿甚至上百亿的流星体进入地球大气，重量可达 20 吨。但是大部分流星在下落的过程中就会燃烧尽了，只有极小部分在大气中未燃烧尽的流星落到地面成为"陨石"。地球上陨石的数量很少，落到家里的概率可以忽略不计。

流星体原本是围绕着太阳运动的，但在经过地球时由于受到地球引力的作用，它会改变原来的运动轨迹，并进入地球的大气圈。流星可以分为单个流星、火流星、流星雨等几种类型。单个流星也叫偶发流星，为什么呢？原来它的出现时间和方向都不确定，很偶然，没什么规律。火流星也是一种偶发流星，它最大的特色就是很明亮，像一条飞舞在空中的火龙一样，有的火流星还伴有爆炸声，有的在白天也可以看见。流星雨是千万颗流星从星空中的某一点向外辐射散开，它的名字通常是以辐射点所在的星座命名的，如仙女座流星雨、狮子座流星雨等。比较著名的流星雨有天琴座流星雨、宝瓶座流星雨、狮子座流星雨、仙女座流星雨……

一起去看流星雨

我正走在回家的路上，突然有人喊了一句："快看，流星雨！"

我马上扭过头，朝天上看去。只见一颗颗流星迅速划过天空，留下一道道美丽的光线，流星的数量不断增多，像下雨一样。

"哇，真是太美了！"我激动地大叫，然后闭上眼睛开始许愿。

这时，听到一个古怪的说话声，我睁开眼睛一看，恰好一颗小流星从天际坠下来，不偏不倚地落在我身边。我被吓坏了，连忙要向前跑。几个模样古怪的人，拦住了我的去路。这不是外星人吗？我吓坏了，浑身冒汗。

"小朋友，不要怕，我们是不伤害人类的。"一个高个子外星人说。接着，他和一个矮个子的外星人用手势给我比画着，像是要我帮忙。

"可是，我能帮你们什么忙啊！"我轻轻地说。即使这么小的声音，他们也听得到，并且告诉我发生了什么事。原来，他们是要去别的星球旅游，走着走着燃料不多了，就只好光临地球，让我来帮他们想想办法。

"可哪里有他们的燃料啊？"他让我帮他们找几种材料，说可以加工们继续给我做工作，成自己的燃料。说完，他们非常友好地邀请我进入他们的太空船，我高兴地走了过去。"反正我一直有个太空梦，万一实现了呢？"我心里说。

他们没有撒谎，没有伤害我。

我和他们，乘坐在飞船里，一下子就到了空中，走了很远很远。我帮他们找到了水源，找到了森林。他们非常感谢我，并把我送回了我刚才的地方。这真是一次刺激的冒险，太让人激动了。临走时，矮个子外星人问我："你的愿望是什么？"我说："做一个勇敢善良的人。"他们笑了，说我已经实现了。

随即，飞船冲上天空，像一颗璀璨的流星划过天际，美极了。

陨　石

大家知道陨石是什么东西吧？它们原来是漂浮在太空中的石块，之所以会在天空中划出一道长长的光线，是因为它们在落到地球的过程中，和大气层发生了强烈的摩擦，进而燃烧产生的火光。很多小的石块，会在这个摩擦的过程中完全燃烧掉，而极少数没有完全燃烧掉的部分掉到了地球上，就成为陨石。

陨石

陨石的故乡

陨石来自哪里呢？在火星和木星轨道之间有一条小行星带，这里就是陨石的故乡。这些小行星在自己轨道上运行，不断相互碰撞，有时就会被撞出轨道奔向地球。

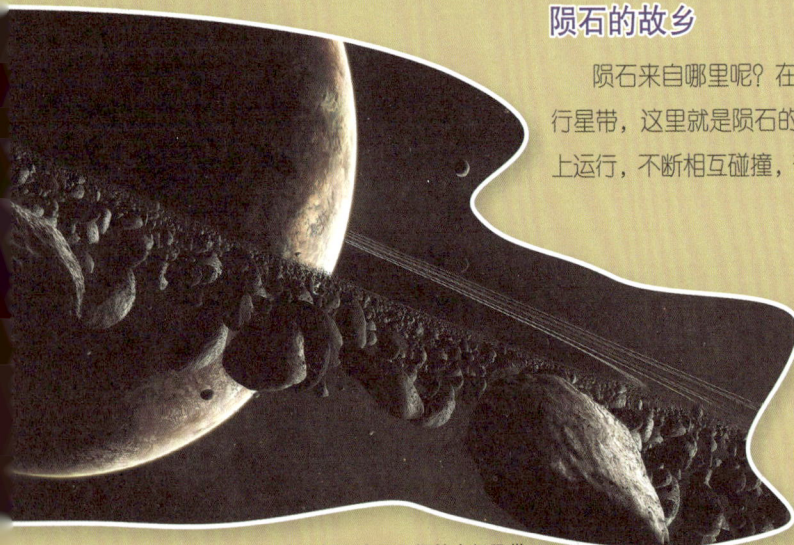

分布在火星和木星之间的小行星带

石铁陨石

石陨石

铁陨石

最大的石陨石

在南极，有一些很大的陨石坑。1976 年 3 月 8 日，我国吉林省降落过一次世界罕见的陨石雨，完整的陨石有 100 余块，其中最大的一块重达 1770 千克，是世界上最大的石陨石。

吉林 1 号陨石

陨石的分类

依据陨石所含的化学成分的不同，它可以分为铁陨石（陨铁）、石铁陨石（陨铁石）、石陨石（陨石）三种，其中石陨石的数量最多。著名的陨石有中国新疆大陨铁、吉林陨石，美国巴林杰陨石等。

最古老的陨石

在澳大利亚，人们发现一块陨石。据估算，它可能是迄今为止在地球上发现的最古老的陨石，有45亿年的历史。也就是说，它能为研究45亿年前构成太阳系的物质能提供样本。

科学家们在二三十亿年前的陨石中大量发现原核细胞和真核细胞。因此科学家断定，在宇宙中甚至是太阳系在45亿年前就有生命存在。在含碳量高的陨石中还发现了大量的氢、核酸、脂肪酸、色素和11种氨基酸等有机物

百慕大的大陨石

在地球上，百慕大是一个神秘之地，飞机和轮船一到这里，就不明不白地失事。有人说，1500万年前，一块巨大的陨石掉落在这里，好像一个大黑洞，这块陨石具有极大的吸引力，可以把飞机和轮船吸引进去。

陨石坠入百慕大（想象图）

谁被陨石砸到过

"天外来客"总是冒冒失失地闯入地球，那么被陨石砸到的概率有多大呢？有意思的是，波黑男子拉迪沃杰·拉吉克堪称是世界上最倒霉的人，因为在3年时间里，他的家竟被从天而降的陨石砸中了6次。当拉吉克的家第6次被陨石砸中后，他开始戴着头盔出门，以免被陨石砸中送命。

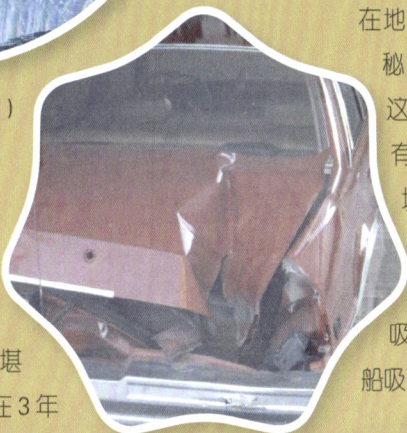

陨石对人类造成的危害

奇思妙想

　　夜空中闪烁的星星真的很漂亮，它们光彩的外表到了地球上一定会跟钻石一样耀眼夺目。这么多的星星，像宝石一样。若是都落到地球上，到时候每个人都会有一块自己的宝石。如果我们能够搜集到很多颗星星，就可以把它们放在一个小瓶子里收藏，到了晚上还可以当作照明灯来使用呢！

　　偶尔，我们会看到天空中滑落的流星。这就是真正掉到地球上的星星，但实际上它们并不像在夜空中那样亮闪闪的，而是和普通的石块差不多。或大或小，着陆的地方还被砸出了一个大坑。它们被人们叫作陨石，这些坑洞就被人们叫作陨石坑。

　　说来也很奇怪，我们身边的东西在没有外物支撑的时候，都会掉到地上。可是天上的星星成年累月地挂在那里，根本就没有掉来的征兆。有一种什么特殊的线把它们挂在了更高的地方吗？其实，在地球之外的宇宙中，存在着很多和太阳一样的恒星。它们会像太阳一样发光发热，这些恒星就是我们看到的星星。之所以地球上的东西会掉到地上是因为受到了地球引力。而在遥远的宇宙中，那些恒星、行星，还有其他很多的天体，通过彼此之间的引力或是斥力，彼此形成了现在的位置关系。地球引力还不足以把那些星星都吸引过来。

小陨石萝莉

有一天晚上，夜已经很深了，周围静悄悄的。

突然，一道闪亮的弧形光线划破夜空，接着"砰"的一声，一块200多千克重的黄褐色的石头从天上掉下来，正好落在森林小木屋的旁边。这个小陨石叫萝莉，这是她第一次离开家，她本来就胆小，从来没有和父母分开过。现在，她一动不动地趴着，心咚咚地直跳……周围太陌生了，一丁点儿声音都能把她吓住。

小陨石萝莉不知道是什么时候飘到地球附近的。

如果没有记错的话，那应该是在夏夜的一天晚上吧！因为调皮，她和几个小伙伴出来玩儿，后来不知道从哪里刮来一阵宇宙风，让他们进入了大气圈，最后在地球引力的作用下，降临了地球。

萝莉恰好落在了森林里，要是落在大海里可就惨了。过了一会儿，什么怪事情也没发生，偶尔有落叶飘下来。

或许是晚上的缘故吧，大多数小动物都进入了沉沉的梦乡。萝莉在地球上的第一个夜晚就是这么过的。第二天早上，一声鸟鸣把她吵醒了。她睁大眼睛一瞧，前方有一只小鸟，正在她的上方扑扇着翅膀。

"你好啊！欢迎来到森林。"小鸟说。

"我要回家，我想回家。"萝莉说道。萝莉给小鸟讲述了自己的遭遇，心稍微平静了一些。风还在刮着，树叶继续往下飘。

"别难过，我会送你回家的。"说着，小鸟要把她驮到背上，可是萝莉太大了，小鸟根本无法背起她。小鸟一次次地试验，一次次地以失败告终。后来，小鸟找来了小松鼠、小猴子，他们都没法帮到萝莉。不过呢，他们却成为了最好的朋友。萝莉在森林里，给大伙讲自己的故事，大伙增长了好多知识。

萝莉在森林里收获了友谊，可她还是想回家。

有一天，森林里来了一个小男孩，他是随爷爷来打猎的。当他从小陨石萝莉身边经过时，一眼就被她吸引了。他俯下身把小陨石捡了起来，然后把小陨石带走了。后来，男孩把小陨石萝莉送去了博物馆，小陨石就在博物馆住下了。只是没有人知道，是那只小鸟引来的小男孩，那只小鸟再也没有在森林里出现过。

星座及观星术

每个人都有属于自己的星座。仔细观察，天上的星星有的亮、有的暗，而且分布也不均匀，有的位置星数较多，有的位置较少。为了方便记忆与辨认，人们将天上的星星按照聚集分布的情况，串联在一起，就称它们为"星座"，并附会一些故事，使星座具有了神话与宗教色彩，如猎户座等。

猎户星座

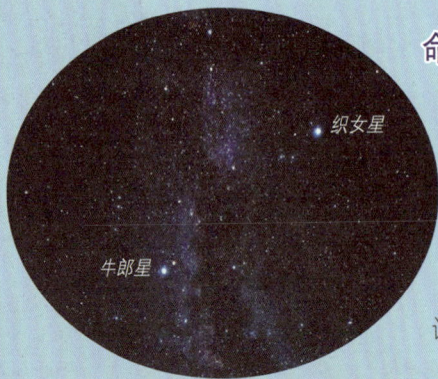

牛郎星和织女星

命名规则

许多星座，都和神话传说有关吗？这么说吧，古人对自然的认识不像我们今天，他们望着天空明亮的星星和星星的排列形状，自然就会想到一些故事中的主人公，甚至动物和工具，就取了类似的名字。如我们熟悉的北斗星、牛郎星、织女星等，这样辨认和找寻起星星来就很方便了。

白羊座星座图

白羊座星象图

西方十二星座

古巴比伦人按照星座的名称，把太阳在群星间的运行路线分为12个区域，这就是"黄道12宫"。从春分起，依次为白羊、金牛、双子、巨蟹、狮子、处女、天秤、天蝎、人马、摩羯、宝瓶和双鱼。太阳每个月经过一个星座，循环不已。三、四月间，太阳在白羊座，六、七月间太阳在巨蟹座。

天空中的星座

古时候的星座是串联一群星而成的，彼此没有划分界限，有时一颗星可能分属两个不同的星座。后来，国际天文联合会在 1930 年进行决议，将天空分为 88 个星座，其中 29 个星座分布在赤道以北，46 个星座分布在赤道以南，跨赤道的有 13 个。现在，这 88 个星座被各国采用。

星座划分图（局部）

北斗七星

北斗七星

北斗七星，由七颗亮星组成，呈一个明显的斗形。更为重要的是，它位于北极星附近，对我们北半球的居民来说，它经常出现于北方地平线以上的天空中，甚至永远也落不到地平线以下，整夜都可以看到。

如何观星

一些星座，像猎户座、北斗七星，在满天星中比较好认。在天空中很容易找到北极星，再找到北斗七星。一般来说，冬、夏两季的星空中，明亮的星星较多，初学者比较容易辨认星座。经过牛郎、织女之间的银河，在夏天的夜空中特别明显。

大熊座星座图

斗为帝车

大熊座 M101 星系

在《史记·天官书》上所说的"斗为帝车"，把北斗看作是帝王的车子。山东汉武梁祠有一幅石刻，只见斗魁四星构成一辆云车，一位帝王坐在车上，向一批前来迎接的臣民招手致意。周围龙腾凤舞，百鸟和鸣，一个长着翅膀的神人腾空献舞，他右手托着的那个小球，就是开阳的伴星——辅星。

如果星星不闪了会怎样？

奇思妙想

夜幕降临，满天星光点点，就像儿歌里唱的那样："一闪一闪亮晶晶，满天都是小星星，高高挂在天空中，好象宝石放光明……"有闪闪发光的星星点缀的夜空异常美丽。如果有一天，星星不闪了会怎样？没有星光闪烁的星星是什么样子呢？那大概和缩小了的月亮一样。

其实，星星一闪一闪地发光和星星本身没有关系，而是星光受大气层中的气流干扰而引起的。气流是如何影响星光的呢？一直以来，人们都认为星星会闪光，直到人类进入太空后，才发现那里的星星不会闪烁。该现象引起了科学家的兴趣，他们经过研究发现星光闪烁主要是受气流的影响。原来大气层中的大气在不断地做着热空气上升、冷空气下沉的气流运动，这就使得大气层中各点的密度不均匀，并且伴随着气流运动一直在变化。

当星光透过大气层的时候，会经过不同温度的空气对它的不同散射，当散射的光线偏离我们的眼睛时，星星就好像暂时消失了，而当光线射进眼睛时，星星又会重新出现，所以，我们会觉得星星会一闪一闪的。

如果星星频繁地闪烁，就说明大气层中的气体十分不稳定，据说星星每分钟闪烁 70 次以上，就预示着要刮风下雨了。有兴趣的朋友可以验证一下这是不是真的。

观星家迈克

迈克是一位骨灰级的天文迷。

在他很小的时候，爷爷就教给迈克许多天文知识，他能分清牛郎星、织女星，哪里是猎户座、小熊座等。

"星座有什么用呀？"小迈克问。

"浩瀚宇宙，繁星点点。凝视夜空，可以感受到宇宙的浩瀚和神秘；遥望星空，是如此震撼人心、引人入胜。"爷爷说得很含糊，似乎并没有回答迈克的问题。但从那以后，迈克更加勤奋了。

是的，在爷爷去世后，迈克立志要做一个观星星的人。事实是，迈克后来在大学学习了天文学专业，并成为一名职业观星人。在地球上的一个小镇，夜晚没那么热闹，路灯都非常暗。迈克在那里观测星空。

有一天，控制台突然发出嗡鸣，监视器上显示发现疑似拥有生命存在的星球。迈克赶紧来到控制台，启动数据分析系统，进行分析。看到分析结果，迈克大吃一惊，念念有词道："带有生命的小行星？！"是的，他已经注意这颗星很久了，这次有这样重大的发现，他能不高兴吗？此时控制台的嗡鸣再次响起，喇叭里传来运算结果：飞行目标：地球。"

此刻，他进一步观测到这颗星距离地球5光年。它轻盈地飘荡，同时忽暗忽明，身上发出红的、蓝的、绿的或紫的光芒，就好像在漆黑的天空舞台上，上演一场场"光"的舞会。之后，他将观测到所有数据及时上报给了国际天文组织，再后来小镇迎来了许多天文爱好者。

有朋友曾经问过他："这样的生活，有没有懈怠过？"

迈克的回答是："我的梦想就是成为一个观星星的人，看见星星我就会满足感爆棚。是爷爷引导我走上的这条道路，也让我看到了星空的美丽和壮观。

太空辐射

太空环境中存在着各种各样的宇宙射线。进入太空可不像在地球行动那么简单。每一个宇航员在出发之前，都会做好充分准备，备上厚厚的太空服。航天员翟志刚，也是穿着厚厚的太空服进行太空漫步的。

身着航空服的宇航员

太阳辐射

我们知道，太阳是宇宙中的一个中等恒星，会发射出强大的电磁辐射波。在我们人类的航天活动中，太阳的辐射能也是航天器的主要能量来源。

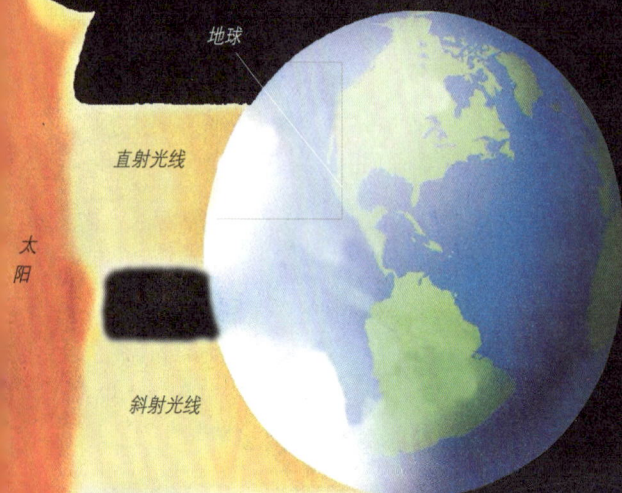

地球

直射光线

太阳

斜射光线

太阳对地球的辐射

太阳

太阳辐射

地球

大气层

太阳辐射地球示意图

宇宙射线

宇宙射线又称宇线，它是来自宇宙空间的高能粒子流。在地球大气层外的宇宙射线称为初级宇宙射线，主要是质子，其次是 α 粒子和少数碳、氮、氧原子核及重原子，能量很高。宇宙射线进入大气层后会形成次级宇宙射线。

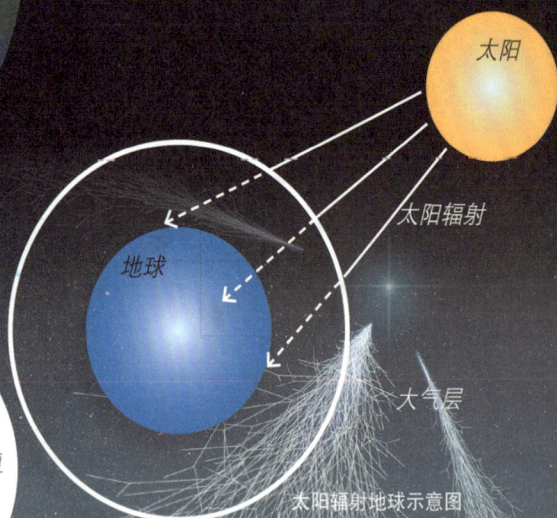

地球保护罩

其实，正是我们的地球周围环绕着一层厚厚的大气，才让我们人类免受宇宙射线的侵扰。因为大气中的各种粒子，能吸收和反射天体的辐射，从而阻挡了大部分波段的天体辐射到达地球表面。

太空中潜伏的隐形杀手

宇宙辐射被称为"太空中潜伏的隐形杀手。"它们会像雨滴一样从四面八方长驱直入到太阳系。因此，科学家不得不花费巨资研究出人类登陆太空的昂贵设备，避免宇航员受到太空辐射的侵害。

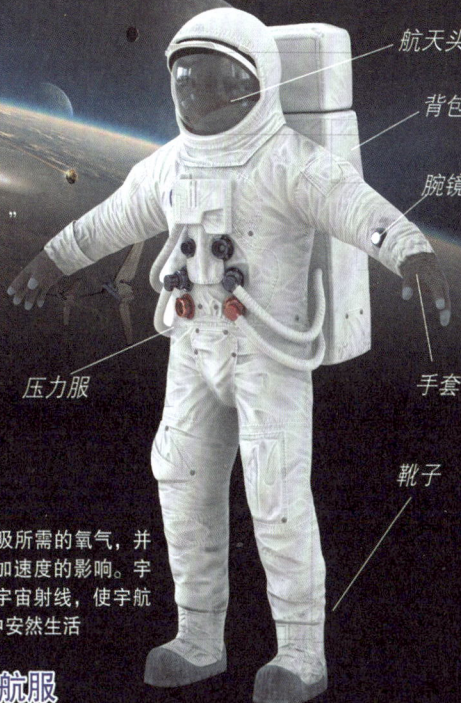

航天头盔
背包
腕镜
手套
压力服
靴子

宇航服能提供呼吸所需的氧气，并帮助宇航员承受重力加速度的影响。宇航服还能有效地抵挡宇宙射线，使宇航员在恶劣的太空环境中安然生活

舱外宇航服

每个进入太空的宇航员，都必须身穿宇航服。这件衣服就像是一件穿在身上的"空调房"，里里外外有14层，既能保暖，又能自动降温，还具有供氧、供水、通信、照明等多种功能。此外，里面还安有"尿不湿"，万一尿急了也不怕。有意思的是，宇航服内还备有专门挠痒痒的工具呢。

从概念到设计再到生产出原型和测试，制作一款新宇航服需要很长时间，通常需要超过一年时间。用料软硬结合，从上到下依次是头盔、上肢、躯干、下肢、压力手套、靴子，造价约3000万元人民币

宇宙射线能致癌

移民去火星是人类的伟大梦想。不过，要想实现这个梦想，最大的一个障碍就是如何克服宇宙射线。太空旅行者最恐惧的事物，主要是最细微的东西——高速运动的带电粒子，也就是所谓的宇宙射线。因为在漫长的旅程中，宇宙射线会给宇航员带来严重的辐射，剂量足以致癌。

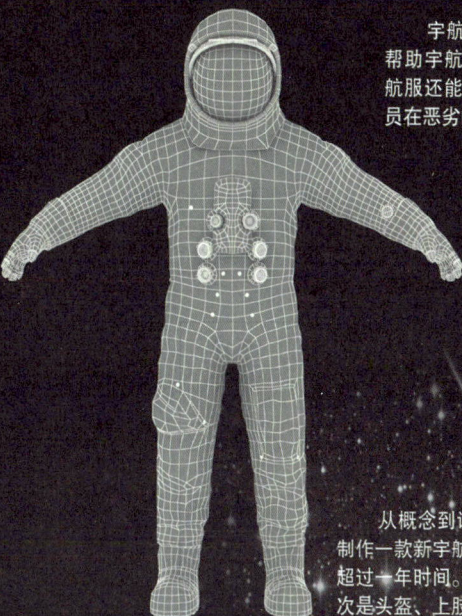

如果小鸟飞到了太空中会怎样?

奇思妙想

在人们眼中鸟是天空的主人，它们凭借着高超的飞行技术在天空自由自在地飞翔。我们经常会看到蓝蓝的空中有几个小黑点，这就是飞在高空中的小鸟。于是，有人就想小鸟会不会飞到太空? 如果小鸟到了太空它还会不会飞?

与进入太空的宇宙飞船相比，鸟的飞行速度太慢了，它根本无法摆脱地球的引力，何况鸟类最高的飞行高度也只有9000米。至于，小鸟在太空中会不会飞我们就不得而知了，因为至今为止还没有宇航员把小鸟带到太空中去的。但是根据太空环境的特点以及小鸟的飞行技巧，我们可以简单地探讨一下它在太空中会不会飞?

在太空失重的太空舱中，小鸟由于不受重力的影响，所以它在飞行中，可以利用翅膀和尾巴在飞行中转弯、加速和减速。这些都是人所做不到的，但是重要的一点是人是高智商的动物，而鸟不是，它们可能会因不适应新的环境而不会飞。但若在太空舱外，即使鸟在太空中会飞，它也难逃死亡的命运。因为太空中高辐射、超低温、无氧气等恶劣环境，使得暴露在太空中的鸟根本不可能存活。

你好，宇宙射线

在距离宇宙探险总部约一光年的地方，分布着许多不规则的星系。地球人小落和齐齐正在太空旅行。弥漫在太空中的物质不时地飘来飘去，并伴有各色的光，宛若天女散花一般。

这时，他们收到了来自总部 M 教授的呼叫。

"一切都很顺利，教授！"小落说道。

"根据报告，一股宇宙射线即将穿过你们所在区域，我命令你们尽快返回总部。"这时，一阵太阳风从远处吹了过来，导致通话断断续续，最后竟然听不到一点儿声音，同时 M 教授也看不到小落他们的任何影像。

"奇怪？怎么回事？" M 教授惊奇道。总部其他成员连忙询问 M 教授出了什么状况，M 教授说小落他们与总部失联了。确实如此，小落他们也联系不上 M 教授了，这可是他们第一次外出作业，也是第一次挑战如此艰难的课题。最主要的是，M 教授告诉他们一股宇宙射线即将从他们身边经过，据说危害还不小呢，怎么办？

"宇宙射线？"小落说道。

"宇宙射线在太空里很厉害，会对我们的身体造成伤害。"齐齐一本正经地提醒掉以轻心。

"我还从来没有遇到过宇宙射线，待它的到来。"小落说道，他总是富有

但是，小落和齐齐还是按既定计划有信号导引，他们只好打开随身携带的的地方驶去。他们走走停停，像在茫茫的

"你好啊，宇宙射线。"小落想象着宙射线是从宇宙哪里降临的啊？真想全部都

小落不要

说心里话，我还满期冒险精神。

返回。由于太阳风干扰，没宇宙地图，按照上面标注总部大海上航行一样，孤立无助。遇见宇宙射线后的情景，"宇接住啊！"

"听说宇宙射线是一种粒子流，可壮观了。"齐齐补充道。他们坐在小型飞船上，就这样在太空穿梭着。

"喂，能听到我的声音吗？"是 M 教授的声音，他们又联系上了。"刚才可能是太阳风的缘故，导致通话不畅。" M 教授解释道，问他们现在在什么位置。两人如实相告，并且报告了想看看宇宙射线的样子。"宇宙射线是看不到的。" M 教授说道。

根据最新报告，宇宙射线早已穿过既定区域，只是他们没有感觉到而已。其实，宇宙射线并没有想象的那么可怕。最后，小落和齐齐顺利地返回了总部。M 教授也由衷地为他们的顺利返航感到高兴。

火箭和人造卫星

作为人类对宇宙的认识工具，火箭可谓历史上最伟大的发明了。火箭是人类探索太空、迈向太空的第一步。它使许多的飞行器飞离地球，开拓了人类的视野。 1957 年，它成功地将世界上第一颗卫星"斯普特尼克 1 号"送上太空。

欧洲的阿里安系列运载火箭

火箭的前身

"火箭"一词最早出现在三国时期，距今已有 1700 多年的历史了。那时的"火箭"指的是点燃后射向敌人的带火之箭，与我们现在所称的火箭相差甚远。火药出现之后，宋代的人们发明了一种向后喷火、利用反作用力助推的火箭，已具有现代火箭的雏形。

运载火箭

"长征五号"运载火箭

今天的运载火箭是在导弹的基础上改进得来的。第一枚发射人造卫星的运载火箭是苏联用洲际导弹改装的"卫星"号运载火箭。目前，世界知名的运载火箭有"东方号""大力神""宇宙神""德尔塔""土星""长征""阿里安""H""极轨卫星"等系列运载火箭。其中，"长征"系列运载火箭是我国自行研制的航天运载工具。

中国是火箭的故乡。根据历史记载，中国最早的喷气火箭距今已有 800 多年的历史，如"神火飞鸦"

火箭的用途

"倒计时……点火！"当火箭升空时，"尾巴"上会冒出耀眼的火焰，那就是推动火箭升空的力量之源。除了人造地球卫星以外，运载火箭还用于将载人飞船、空间站、货运飞船、空间探测器等航天器送入太空。

火箭是以热气流高速向后喷出，利用产生的反作用力向前运动的喷气推进装置

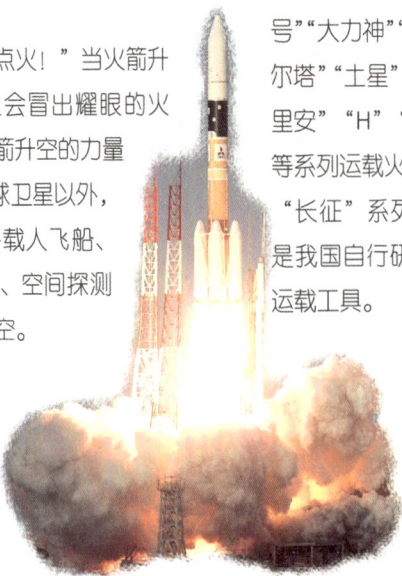

家族庞大

自 1957 年 10 月 4 日苏联成功发射了人类第一颗人造卫星之后，全球发射的航天器中 90% 以上是人造卫星。人造卫星是用途最广、发展最快的一种航天器，按其用途大致可分为科学卫星、技术实验卫星和应用卫星三种。

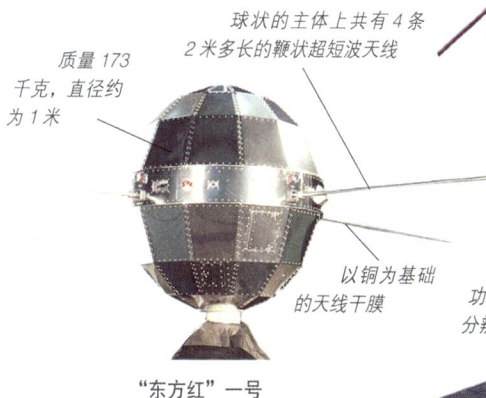

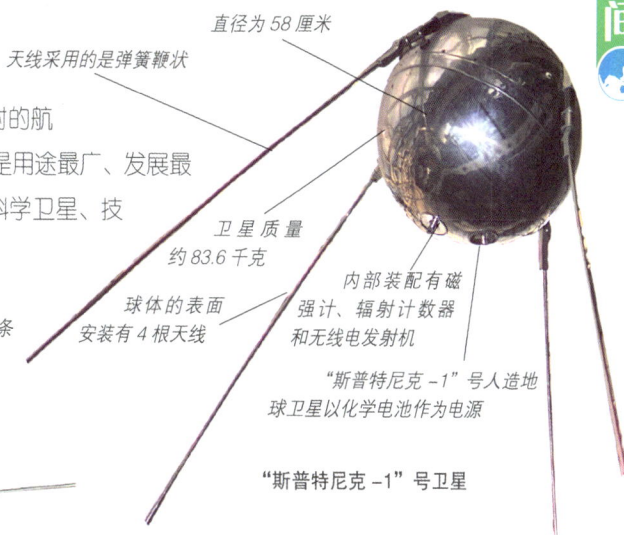

直径为 58 厘米

天线采用的是弹簧鞭状

卫星质量约 83.6 千克

球体的表面安装有 4 根天线

内部装配有磁强计、辐射计数器和无线电发射机

"斯普特尼克 –1"号人造地球卫星以化学电池作为电源

"斯普特尼克 –1"号卫星

质量 173 千克，直径约为 1 米

球状的主体上共有 4 条 2 米多长的鞭状超短波天线

以铜为基础的天线干膜

"东方红"一号

兼有普查和详查功能，遥感设备先进，分辨率高

可进行轨道机动，对重要目标详查时可降低高度

小卫星大成就

一颗人造卫星，看起来体积不大，质量最大也就只有几千千克，最小的只有 1 千克左右，但是内脏却非常复杂，零件数量要达到上万个，并且技术、质量要求都非常高。

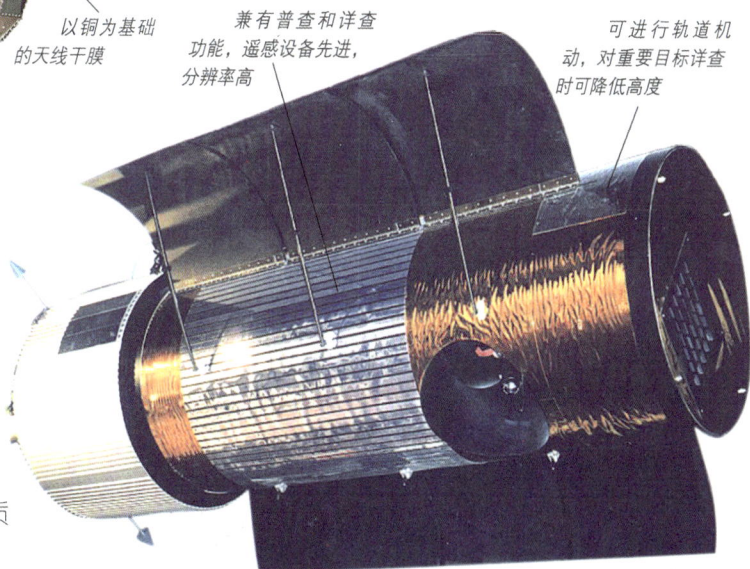

"锁眼 KH － 12"侦察卫星

人造卫星的轨道

极轨道入轨示意图

地球静止轨道入轨示意图

椭圆轨道入轨示意图

在地球上空运行的人造卫星，按其轨道离地面高度来区分，可分为三种，即近地轨道（小于 600 千米）、中轨道（600~3000 千米）和高轨道（大于 3000 千米）。不同用途的卫星，就在不同的高度运行。比如侦察卫星，就运行在近地轨道；而气象卫星需要对地球进行频繁地、周而复始地观察，通常运行在中轨道。

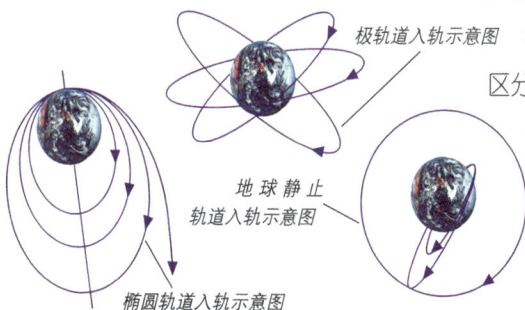

奇思妙想

我们已经习惯了这样的生活方式：吃饭、睡觉、工作、学习……但当你闲暇的时候，你是否想过这样的问题：太空里的生活和地球上的一样吗？如果有一天我们可以在太空里生活，你能想象出是什么样的情景吗？如果你不了解太空站里宇航员的生活情况，你就会对太空中的生活充满了遐想，认为那里就是我们人类所说的天堂。

以宇航员为例，了解一下真实的太空生活。在太空中生活，并不如我们想象的那样美好。由于失重，宇航员在宇宙空间站内的生活和地球上是完全不一样的，就以他们的衣、食、住、行来说吧：穿衣服不像我们平常穿衣服那样简单。吃饭时像我们挤牙膏一样往嘴巴里挤，知道为什么吗？这是因为人是处在失重的环境里。还有睡觉的时候，要把自己固定在休息舱的墙壁上，也就是说宇航员的睡姿是站立的，想想是不是很难。

当然啦，还有许多必须的工作要做。比如锻炼身体。如果不锻炼，他们的骨骼就会退化，等他们回到地球上的时候就会被自己的身体压骨折。在太空中生活还要注意很多，所以不是每一个人都可以生活在太空里的。

魔法星球奇遇记

2220年的一天，我躺在床上睡觉。忽然，一道耀眼的光芒向我射来，我的身体便不由自主地飞了起来。

我被闹铃的声音惊醒了。睁眼一看，我竟飘在空中，东西都飞起来了。不一会儿，我来到了一个奇异的世界，这里一片漆黑，漆黑中却有无数只眼睛在闪烁，由于害怕，我的汗毛都竖了起来。我定睛一看，哇！我来到了一个没有引力的世界，周围的一切都漂浮着。

"欢迎来到真空世界。"有人在说话。原来，我已经离开了地球家园，进入了一个没有引力的N星球，这里住着和人类相似的族群。可在这里，我却感受到活得很不舒服。

似乎当地人早已习以为常了。我看见，他们一个个一路上跌跌撞撞，挤到了学校。到了教室，教室内的桌椅都飘在空中，同学们去抓，想把桌椅固定住，可是，累得同学们满头大汗，还是无济于事。上课了，老师不时地跳跃着，还要用绳子把自己绑好；吃饭呢，吃着吃着不知啥时候飘到了几里地之外了。

曾经，我望着自由翱翔的小鸟，很美慕它们，心想：我什么时候也能自由飞翔呢？没想到这一天真的到来了。但这里的一切却打碎了我所有的梦想，我好难过。我去找真空世界的族长。他告诉我，原本这里和地球一样有重力的，后来也不知道为什么，突然失去了重力。没有办法？他们只好适应这样的环境。

"我不习惯，而且我觉得这本不该如此的。"我极力说出自己的观点，想帮助他们摆脱这样的环境。

"希望你给我们带来好消息。"族长对我说道。而我呢，很快就在族长的帮助下，搭乘飞船返回了地球家园。通过各种探测研究之后，最后科学家们找到了答案。原来，在这个星球上有一种物质，后来被一个路过的小行星给吸收走了，导致了引力的消失。

好在，我们地球上这种物质储存丰富。只听"轰"的一声巨响，眼前一片漆黑。N星球又恢复了引力。这一经历让我明白了，地球不能没有引力。让我们珍爱地球吧，它是我们唯一的家园！

宇宙飞船和探测器

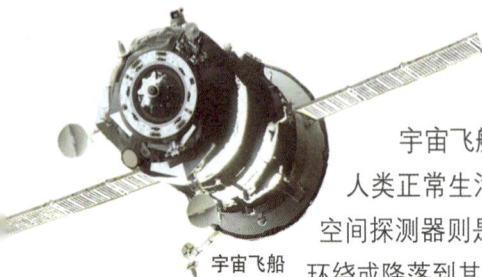

宇宙飞船是指用以载人进行宇宙飞行的工具，它应当具有保证人类正常生活的各种设备，使人在其中生活就和在地面上差不多。空间探测器则是人类发射到宇宙深处的无人驾驶航天器。它们飞越、环绕或降落到其他天体上收集相关信息。

宇宙飞船

世界上第一艘宇宙飞船

1961 年 4 月 12 日 6 时零 7 分，苏联 27 岁的少校加加林驾驶"东方一号"宇宙飞船，经过 1 小时 29 分钟，绕地球一圈后返回地面。加加林由此成为世界上第一个"宇宙人"。

加加林

飞船返回舱

"神舟"号宇宙飞船返回舱，外形为钟形，直径为 2.4 米，重量约 3 吨，可以载 3 名航天员。返回舱是航天员的座舱和宇宙飞船的指挥中心，上端有舱门，供航天员进出轨道舱使用，返回舱是宇宙飞船中唯一再入大气层返回地面的着陆舱。

小型通信
电子设备舱

18 个 球
形高压氮气和
氧气瓶

下端是仪
器舱，它呈圆
台圆锥结合体

宇宙飞船的"避火衣"

科学家为宇宙飞船精心设计了一件奇妙的"避火衣"，它是用瞬时耐高温材料制成的。这种材料由一种特殊纤维材料加上有机物组成，在宇宙飞船不同部位的厚度不同。这件"避火衣"，遇到高温会自己先燃烧起来，其中的有机物会带走大量的热量。

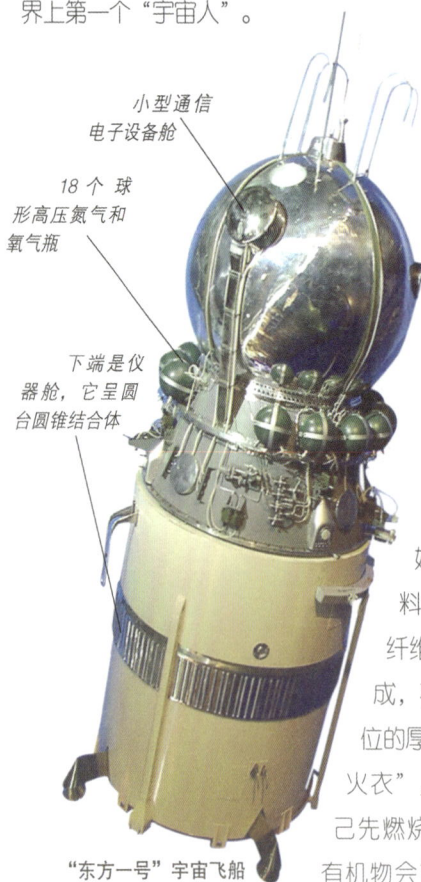

舱门

外形像大钟

"东方一号"宇宙飞船

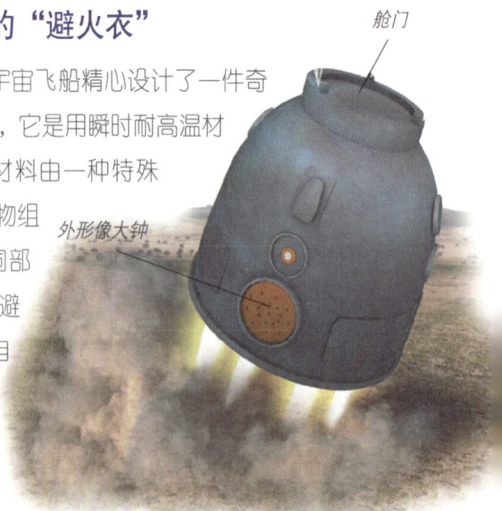

"神州十号"返回舱示意图

太阳风电子分析仪

太阳能电池板

"MAVEN"探测器

空间探测器的类别

按探测目标，可分为月球探测器、行星探测器、行星际探测器等。其中行星探测器主要有火星探测器、木星探测器、小行星探测器等。按探测方式，空间探测器可分为轨道探测器、着陆探测器和取样返回探测器三种，即"绕、落、回"，其中着陆探测器还包括巡视探测器，如"玉兔号"月球车或"好奇号"火星车等。人类对月球的考察最详细，甚至派遣了航天员赴月球实地考察。

第一个空间探测器

1959年，苏联发射的"月球1号"是世界上第一个空间探测器。1962年，美国的"水手2号"探测器飞过金星，成为第一个成功接近其他行星的人造航天器。

"月球1号"探测器

"盖亚"空间探测器

2013年，欧洲航天局发射的"盖亚"空间探测器是迄今欧洲最为先进的空间探测器。"盖亚"核心任务是对银河系约1 000亿颗恒星中的10亿颗进行观测，确定它们的位置、距离以及运动轨迹，并绘制银河系的精确三维图。

"盖亚"空间探测器

"朱诺号"木星探测器

第一个木星探测器是"伽利略"号。2016年7月4日，"朱诺号"木星探测器在历经5年时间，飞行了28亿千米之后，终于到达了木星轨道。接下来，它要开始为期20个月的辛苦工作，将越来越多的有关木星的数据传送回地球。它的主体像一个六边形的盒子，携带着3块太阳能板，每块宽2.7米，长10米，大小相当于拖拉机的拖车。

"朱诺号"木星探测器

奇思妙想

　　星光闪烁的夜空，带给人们很多美丽的遐想。可是有多少人知道，其实星空也有它不美丽、不纯净的一面，它里面有着形形色色的太空垃圾。人类首次涉足太空至今，也不过六十多年，但却给太空带来了大量的垃圾。

　　太空中充满了太空垃圾会怎么样？美国科学家发布了一惊人的数据，环绕地球的太空垃圾大约有 5500 吨，其中直径超过 10 厘米的就有 26000 多块，小于 10 厘米的则多得无法计算，与地球上的垃圾不同的是：太空上的垃圾是"活"的，它们以每秒 11.2 千米的速度昼夜不停地运行在地球轨道上。而随着人类航天事业的发展，它们的数量会继续增加，据科学家说太空垃圾的数量正以每年 2%~5% 的速度增加。

　　照这样下去，太空中的事故和灾难会频频发生，从而会制造更多的宇宙垃圾。有的科学家预测，到 2300 年太空地球轨道再也无法容纳任何东西了。于是，科学家发出警告，不要再人为地制造太空垃圾了，说不定哪一天我们人类会自食其果。就目前来看，太空垃圾已经开始威胁到航天飞船、卫星等人造物体了。

太空手套

这是我第二次上太空。

我和我的好朋友米约，正在太空遨游呢。

"不好啦，不好啦。"米约通过传声器向我喊话。

这是我的好朋友米约第一次登上太空，他心中充满了好奇。当然，我们俩是带着任务来的，就是帮助M教授完成一份有关太空垃圾的报告。

"怎么啦？什么情况？"我忙问。原来，米约看到了许许多多的太空垃圾，有人类发射的火箭推进器的残骸，还有一些是由意外爆炸形成的碎片，比如一些小的螺栓、弹簧等零部件。

看到这样的太空状况，米约显然担心宇宙飞船与太空垃圾相撞。"有没有什么好的办法来预防太空垃圾呢？"他问道。

"对付太空垃圾，首先是将其找到并定位。"我说。

正当我们在思考处理太空垃圾时，只听"啪"的一声。"什么情况？"我被突然传来的声音吓到了。

原来，从空中掉下来一只手套！我正纳闷呢，不由得吐了两个字："倒霉。"只听一个声音在说话："倒霉？你应当感到荣幸啊，你捡到了世界上最有名的手套！"是手套在说话。他继续说："我的主人是宇航员爱德华，他在太空行走的时候把我弄丢了。我就跟人造卫星一样，每天都在天上狂奔，我每天都在漂流，我想回家。"

在茫茫宇宙，看着小小的手套，我第一次感受到地球上的物体在太空中的孤独感。我被手套的话语感动了，原来在太空中手套也会有孤寂。"那我带你回地球吧！"说完，我把它收在身上，带着它在太空飘流了10天后，一起乘宇宙飞船返回地球。回来后，我向M教授汇报了我和米约在太空中的种种经历。

当然了，手套也是绕不开的一个话题。

M教授从我们带回的许多资料中，认识到了太空垃圾的危害，他向宇宙联盟做了汇报，并建议设立一个太空垃圾博物馆，让更多的人来关注太空环境卫生。不久，手套走进了太空垃圾博物馆，这里成了他的家。以后我会经常去那个博物馆，那里有我的太空小伙伴——手套。

航天飞机和空间站

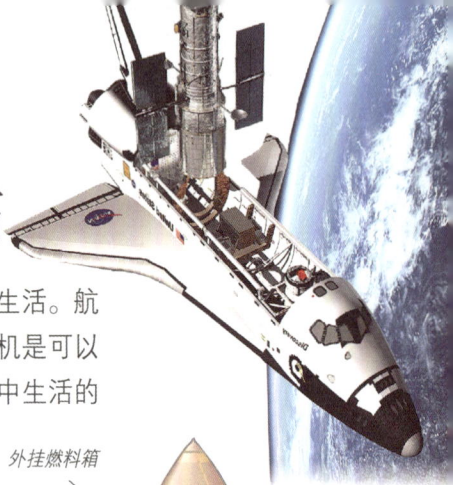

几个世纪前，人类梦想着进行太空旅行，去太空生活。航天飞机和空间站的出现解决了这些问题，因为航天飞机是可以重复使用的太空飞行器。而空间站，就是人类在宇宙中生活的一个堡垒，让我们像在地球上一样。

多用途

航天飞机由轨道飞行器、固体火箭助推器和外挂贮箱3大部分组成，中心外形像一架三角翼滑翔机。除可在天地间运载人员和货物之外，航天飞机还能在太空进行大量的科学实验和空间研究工作，比如它可以把人造卫星从地面带到太空去释放，或把在太空失效的或毁坏的无人航天器，如低轨道卫星等人造天体修好。

外挂燃料箱

轨道飞行器

飞行舱

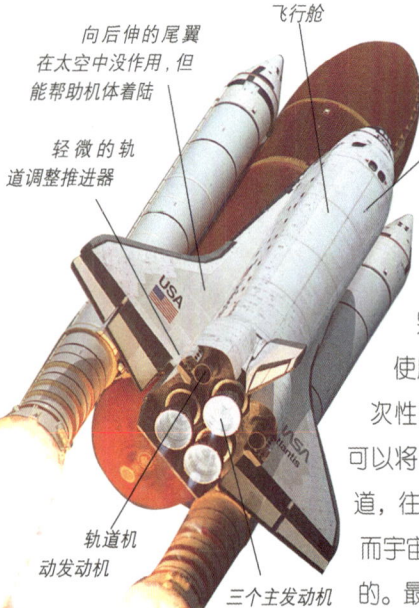

向后伸的尾翼在太空中没作用，但能帮助机体着陆

固体火箭助推器

有效载荷舱门在轨道飞行器进入近地轨道后，被打开，防止过热

轻微的轨道调整推进器

航天飞机与宇宙飞船的不同点

首先，最主要的区别是，航天飞机可以重复使用，而宇宙飞船只是一次性的。其次，航天飞机可以将地面物体送至地球轨道，往返于地面与地球轨道之间；而宇宙飞船是在外太空飞行使用的。最后，航天飞机有自己的动力系统和巨大的外挂燃料箱，宇宙飞船主要使用太阳能。

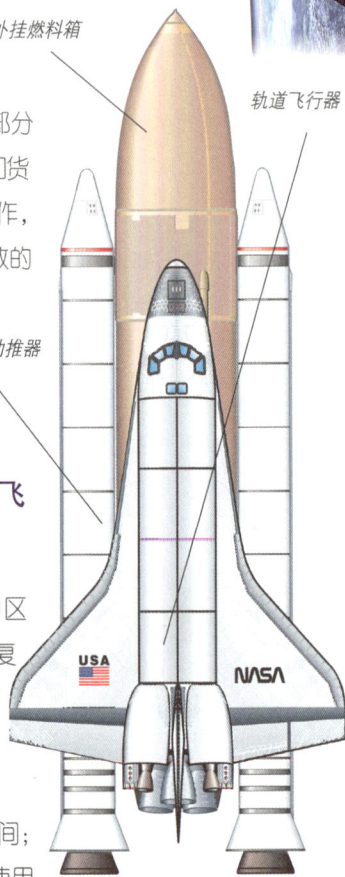

轨道机动发动机

三个主发动机

欧洲"哥伦布"号航天飞机

"挑战者号"爆炸事故

1986年1月28日，美国"挑战者号"航天飞机在第10次发射升空后，因助推火箭发生事故凌空爆炸，舱内7名宇航员（包括一名女教师）全部遇难。这成为人类航天史上最严重的一次载人航天事故。

"挑战者"号航天飞机在空中不幸发生爆炸

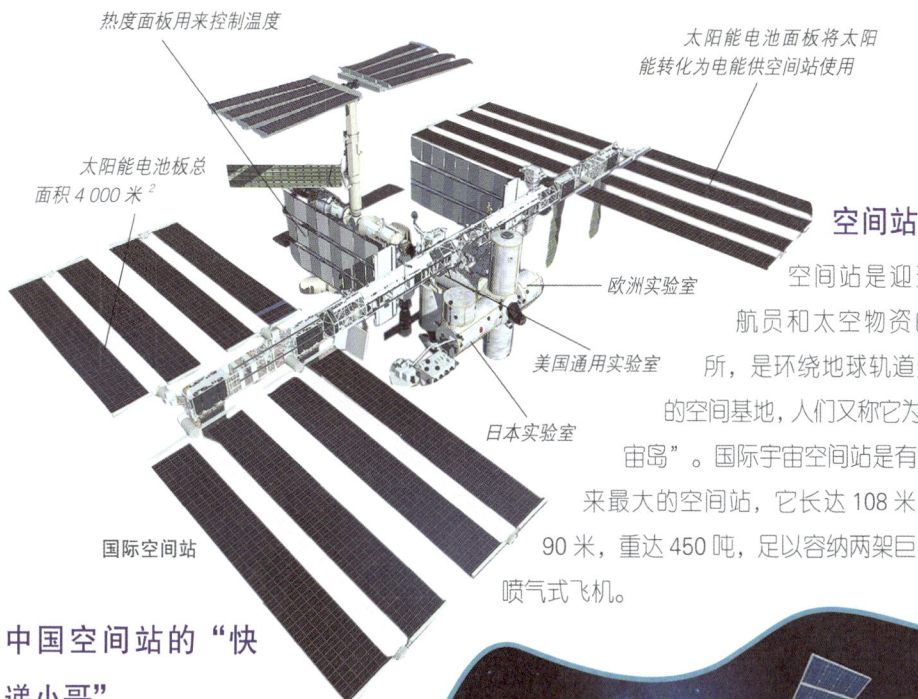

热度面板用来控制温度

太阳能电池面板将太阳
能转化为电能供空间站使用

太阳能电池板总
面积 4 000 米²

欧洲实验室

美国通用实验室

日本实验室

国际空间站

空间站

空间站是迎送宇航员和太空物资的场所，是环绕地球轨道运行的空间基地，人们又称它为"宇宙岛"。国际宇宙空间站是有史以来最大的空间站，它长达 108 米，宽 90 米，重达 450 吨，足以容纳两架巨大的喷气式飞机。

中国空间站的"快递小哥"

2017 年 4 月 20 日 19 时 41 分，搭载着"天舟一号"货运飞船的"长征"七号遥二运载火箭，在中国海南文昌航天发射场点火发射，约 596 秒后，飞船与火箭成功分离，进入预定轨道。"天舟一号"是我国自主研制的首艘货运飞船，由于它只运货，不送人，也被称为太空中的"快递小哥"。

天舟一号示意图

太空生活最长的人

有了空间站，宇航员们可以在空间站居住一段时间。值得一提的是，在和平号空间站里，俄罗斯宇航员瓦勒利·波利亚科夫创纪录地在太空中连续度过了 437 天。

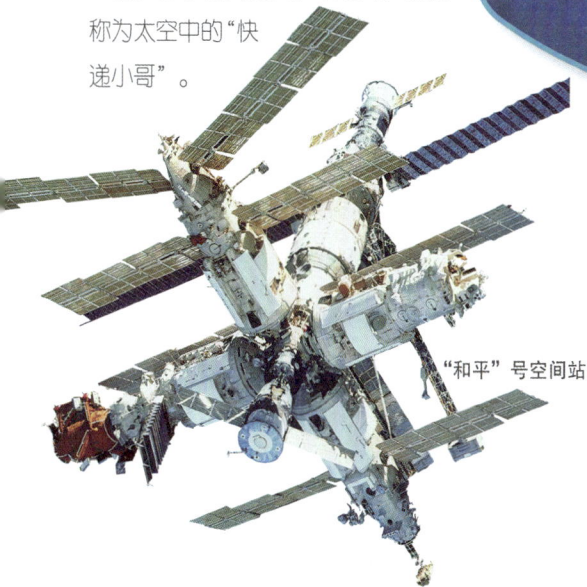

"和平"号空间站

奇思妙想

每个人都有自己的梦想，大家的梦想是什么呢？遨游太空吗？如果你不是宇航员，你的愿望还能实现吗？从苏联加加林的太空首航到普通人的自费太空游，你的梦想似乎很有可能实现。事实上，尽管普通人也可以在太空中遨游，但是这并不意味着成为一名宇航员会很容易。

来看看航天员的选拔标准就知道这些了。以我们国家为例，宇航员选拔十分严格。第一阶段是选出预备宇航员，这一阶段又分三个步骤：第一步，首先是挑选出飞行经验丰富、生理和心理素质良好，具有处理紧急事务能力的飞行员。第二步，临床医学选拔，检查候选飞行员的病史，并将有遗传性疾病或容易复发疾病的候选人排除。第三步，航天适应性选拔，航天医学家设计了很多专门的检测方法，如对失重、超重、缺氧的适应能力的检测，适应能力差的候选人将被淘汰。

不过，这还不能成为真正的宇航员，候选人还要通过第二阶段的选拔。第二阶段，候选宇航员经过3～5年严格训练，会出现各种各样的问题，因此整个训练过程也是不断选拔的过程，预备宇航员随时都有可能被淘汰。而终选合格的宇航员也不一定能够上天，他们还需要严格的选拔。

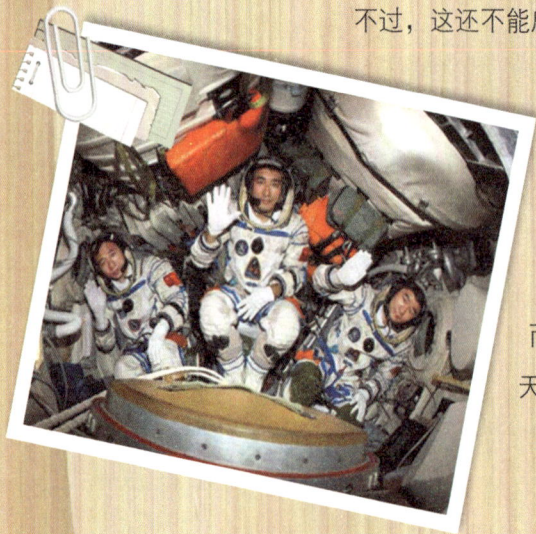

我与未来的宇航员

我，名叫小美。

我的梦想是当个女宇航员。

可现在我还是一个学生，我一直在憧憬着有一天能登上茫茫太空。所以，我现在必须好好学习，学习好天文知识。

有一天在学校门口，遇见一拨人，他们正在做未来职业梦想调查。原来，他们是中科院未来研究所的，他们可以让人与未来的自己对话。我一下子被吸引了，忍不住那颗好奇心，扑通扑通乱跳。

"这是真的吗？"我问。

"当然是真的，不信你可以来体验一下哦！我们能让你和自己遇见，当然是未来的你哟。"说完，工作人员让我来到时间电话机前，我一按键，就接通了未来时间的光缆。时间电话机里响起了待机的声音。

两秒后通了，我连忙喊了声："喂，你好，你是谁呀？"电话里传出不满的声音："我是你呀。"我顿时明白了，我在未来的时光里找到了未来的我。我连忙问："你现在多少岁啦？""我是20年后的你。因为你在拨号时最后按了个20，你看看屏幕。"我仔细一看，果然，在号码末尾有个"20"。

20年后的我是做什么的呢？

想到这里，我连忙急切地问："你现在做什么工作呢？"她说："我现在是一位宇航员，正在太空进行研究呢。"

"那你能跟我描述一下，你见到的太空模样吗？"我继续追问。

"当然。这太空又大又美。一天可以有好几次日出。对了，我在这里吃的、喝的，都来自太空农场，生活优哉游哉。"

"我真是太想去太空了。"我继续说道。

"那就好好学习吧，我在这里等你。"

我还想问许多问题，可时间已经到了，工作人员说："小美，你现在相信了吧！不过呢，未来还在你手中。"

我沉浸在刚才的对话中，好像真的穿越到20年后了。许多次，我都在问自己，这是真的吗？我想会是的。

地外生命

在好莱坞影片《星球大战》中，外星人长着三角形大脑袋，细长的脖子，大嘴巴，小鼻子，满脸皱纹，浑身上下光滑无毛，脚趾有蹼。难道说，外星人真的丑陋得像魔鬼吗？外星人的形状是不是同一类型呢？

《星球大战》中的外星人

人类所想象的 UFO 残骸

最早的飞碟记载

有学者指出，其实 UFO 很早就访问过中国。最早记载飞碟的是《晋阳秋》这本古书，书中记载："有星赤而芒角，由东北西南投于亮营。三投，再还，往大，还小，俄而亮卒。"

一份神秘报告

UFO 事件遍布世界各地，英国也是 UFO 经常光顾的地方。据说，它也曾让英国前首相丘吉尔大感兴趣。丘吉尔曾在一封信中要求空军展开调查：这些关于飞碟的玩意到底是什么东西？真相到底是什么？

布鲁诺

谁提出的外星人

地球之外可能有生命的说法由来已久。16 世纪末，意大利学者布鲁诺明确提出："宇宙中有着无数的太阳，无数的地球，它们环绕着自己的太阳旋转……在这些星体上，居住着各种生物。"之后，又有许多著名学者，比如开普勒、惠更斯、康德等，也都提出过有外星人的主张。

156

据专家猜测可能为外星人骨骼

外星人的主要分类

目前，根据各国的不明飞行物专家掌握的资料，人们把外星人主要分成四类：矮人型类人生命体、蒙古人型类人生命体、巨爪型类人生命体和飞翼型类人生命体。当然，除此之外还有许多其他类人生命体。

外星人的形象

外星人的形象究竟是什么样的？因为没有更多的"实物"，只能根据目击者的描述进行大致归类，从身材大小、相貌特征、思维行动等与人类加以区别。当然，要是没有不明飞行物的话，外星人很可能会被认为是"怪兽"。

据猜测，矮小型智能生物的身材通常矮小，头部和眼睛很大，其他器官不发达，但十分灵活，而且有特殊的能力。研究者说，它们可能是外星球上的一种比外星人落后的种类，但智力比地球人高得多。也有人认为，它们是外星人用遗传因子人工合成的生物种类

唱片包括用 55 种人类语言录制的问候语和各类音乐，旨在向"外星人"表达人类的问候

"旅行者 1 号"上的铜质磁盘唱片

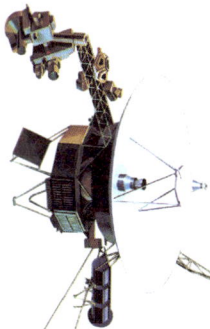
旅行者 1 号

寻找外星人

1977 年，美国发射了"旅行者 1 号"和"旅行者 2 号"探测器。它们的任务除了要考察太阳系的其他行星，更为特殊的使命就是直奔银河系，寻找外星生命。据介绍，这艘飞船携带有一架特殊的电唱机和"地球之音"。

如果在太空中碰到外星人，该如何打招呼？

奇思妙想

外星人到底存在不存在呢？这是一个全球都在讨论的问题，有人称自己被外星人绑架过，也有人称自己曾亲眼见过UFO，等等。且不说这些传闻的真假，单从人类目前掌握的天文知识，我们就可以做一个简单推算。

银河系里有上千亿颗像太阳一样的恒星，如果10个恒星中就有一个有行星环绕，那么在银河系中就有可能会有上百亿个行星；若按太阳系中8大行星中只有地球有人类存在的比例来算，那也应该有十几万颗行星适合生命发展，所以说宇宙的某个角落里很可能存在像人类一样的高智商动物。

随着宇宙空间技术的发展，人类与外星人在太空中相遇成为很可能发生的事了。如果有一天你在太空中碰到了外星人，你会和他打招呼吗？就外星人而言，他们是否存在还是一个疑问？但可以肯定的是，太阳系中的其他天体上是没有外星人的，就算距离我们最近的相邻恒星上有外星人，我们乘坐时速为54000千米的"旅行者"飞船，来回大约需要17万年的时间。这还是离我们最近的恒星，离我们远的就更难以想象了。

换句话说，即使在茫茫宇宙中有外星人存在，我们人类也不可能见到他们。何况，据科学家掌握的资料来看，宇宙中除地球以外还没有那个星球有生命物质活动的迹象，所谓的外星人只是人类的一个猜测而已。

外星人老师

那天，我正走在去上学的路上。突然，一个声音从身后传来。循着声音，看到一个长得怪模怪样的人，正跟在我身后。

他身子矮胖，长着硕大无比的脑袋，两只眼睛闪烁着智慧的光芒。该不会遇见外星人了吧？还真是。他向我转达了来自外星的问候，并表示愿意和我做朋友。"太奇怪了！为什么他的语言我都能听懂？"哦，原来他的脑门上有一个闪闪发光的语言交换器。我故作镇定，慢慢放松，让他再讲一遍。

他叫卡特，迷失了方向。我就要迟到了，怎么办？我把卡特带到了学校，将他藏在我和小伙伴经常玩捉迷藏的地方。一再告诉他："不要随意走动，等我放学再帮他想办法。"

谁知在课间十分钟，我那调皮的同桌发现了这个秘密，一条爆炸性的新闻一下子传遍了整个校园。我看有的老师直摇头，同学们也被吓坏了："这下完了，真不知道会出什么乱子哦！"

正在我不知道该咋办时，卡特说话了："我是来自Z星球的语文老师，今天早上，我与我的队友失去了联系。我并不是坏人，我们虽然生活在外星球，但是我们对你们地球人充满敬意。"他滔滔不绝地讲着，所有的老师、同学都在听他讲，他真不愧是一个优秀的语文老师。

我被卡特老师渊博的知识所折服，连地球上的俗语方言他都懂，真了不起。接着，他还让我们知道语言交流的乐趣，并告诉我们："爱是人类交往的润滑剂，也是宇宙保持和谐的基础。"他希望我们大家学好多种语言，不仅要做地球家园的友善大使，还要做宇宙的友善大使。说完，围拢的人群响起了雷鸣般的掌声。

正在这时，有一个声音从远处传来，几个圆盘状的飞行物盘旋在我们学校的上空，原来是卡特的队友找他来了。

"再见，欢迎你常来地球旅行。"卡特要走了，我结结巴巴地说道。他看着我，说道："你是一个善良的孩子，我会常来的。"说完，就登上了飞碟，瞬间消失得无影无踪了。

图书在版编目（ＣＩＰ）数据

神秘宇宙 / 杨现军编. -- 哈尔滨：黑龙江科学技术出版社, 2019.1
（探索发现百科全书）
ISBN 978-7-5388-9864-4

Ⅰ. ①神… Ⅱ. ①杨… Ⅲ. ①宇宙 – 少儿读物 Ⅳ.
①P159-49

中国版本图书馆 CIP 数据核字(2018)第 211553 号

探索发现百科全书·神秘宇宙

TANSUO FAXIAN BAIKE QUANSHU · SHENMI YUZHOU

作　　者	杨现军
项目总监	薛方闻
策划编辑	薛方闻
责任编辑	侯文妍　张云艳
封面设计	佟　玉
出　　版	黑龙江科学技术出版社
	地址：哈尔滨市南岗区公安街 70-2 号　邮编：150001
	电话：（0451）53642106　传真：（0451）53642143
	网址：www.lkcbs.cn
发　　行	全国新华书店
印　　刷	北京天恒嘉业印刷有限公司
开　　本	787 mm × 1092 mm　1/16
印　　张	10
字　　数	200 千字
版　　次	2019 年 1 月第 1 版
印　　次	2019 年 1 月第 1 次印刷
书　　号	ISBN 978-7-5388-9864-4
定　　价	39.80 元